Ahlem Arfaoui

Etude d'un panache thermique dans un canal rectangulaire chauffé

Ahlem Arfaoui

Etude d'un panache thermique dans un canal rectangulaire chauffé

Éditions universitaires européennes

Impressum / Mentions légales
Bibliografische Information der Deutschen Nationalbibliothek: Die Deutsche Nationalbibliothek verzeichnet diese Publikation in der Deutschen Nationalbibliografie; detaillierte bibliografische Daten sind im Internet über http://dnb.d-nb.de abrufbar.
Alle in diesem Buch genannten Marken und Produktnamen unterliegen warenzeichen-, marken- oder patentrechtlichem Schutz bzw. sind Warenzeichen oder eingetragene Warenzeichen der jeweiligen Inhaber. Die Wiedergabe von Marken, Produktnamen, Gebrauchsnamen, Handelsnamen, Warenbezeichnungen u.s.w. in diesem Werk berechtigt auch ohne besondere Kennzeichnung nicht zu der Annahme, dass solche Namen im Sinne der Warenzeichen- und Markenschutzgesetzgebung als frei zu betrachten wären und daher von jedermann benutzt werden dürften.

Information bibliographique publiée par la Deutsche Nationalbibliothek: La Deutsche Nationalbibliothek inscrit cette publication à la Deutsche Nationalbibliografie; des données bibliographiques détaillées sont disponibles sur internet à l'adresse http://dnb.d-nb.de.
Toutes marques et noms de produits mentionnés dans ce livre demeurent sous la protection des marques, des marques déposées et des brevets, et sont des marques ou des marques déposées de leurs détenteurs respectifs. L'utilisation des marques, noms de produits, noms communs, noms commerciaux, descriptions de produits, etc, même sans qu'ils soient mentionnés de façon particulière dans ce livre ne signifie en aucune façon que ces noms peuvent être utilisés sans restriction à l'égard de la législation pour la protection des marques et des marques déposées et pourraient donc être utilisés par quiconque.

Coverbild / Photo de couverture: www.ingimage.com

Verlag / Editeur:
Éditions universitaires européennes
ist ein Imprint der / est une marque déposée de
OmniScriptum GmbH & Co. KG
Heinrich-Böcking-Str. 6-8, 66121 Saarbrücken, Deutschland / Allemagne
Email: info@editions-ue.com

Herstellung: siehe letzte Seite /
Impression: voir la dernière page
ISBN: 978-3-8381-8235-3

Etude d'un panache thermique dans un canal rectangulaire chauffé

Par

Ahlem ARFAOUI

SOMMAIRE

Nomenclature

Introduction 6

Nomenclature

A	rapport de forme relatif au canal $(A = \dfrac{b-e}{b})$;
b	largeur du canal ;
C_p	capacité calorifique à pression constante ;
C_1	coefficient de contraction au niveau de la section S_1 de la soufflerie ;
C_2	coefficient de contraction au niveau de la section S_2 de la soufflerie ;
D_1	diamètre de la section S_1 de la soufflerie ;
D_2	diamètre de la section S_2 de la soufflerie ;
D_f	diamètre du fil sensible ;
e	largeur de la source ;
E	tension aux bornes du fil sensible ;
Ec	nombre d'Eckert ;

$$F_a \qquad \text{facteur d'aplatissement} \left(F_a = \frac{\dfrac{1}{N}\sum_{i=1}^{N}(Xi-\overline{X})^4}{[\dfrac{1}{N}\sum (Xi-\overline{X})^2]^2} \right) ;$$

$$F_d \qquad \text{facteur de dissymétrie} \left(F_d = \frac{\dfrac{1}{N}\sum_{i=1}^{N}(Xi-\overline{X})^3}{[\dfrac{1}{N}\sum (Xi-\overline{X})^2]^{3/2}} \right) ;$$

g	accélération de la pesanteur ;
G_{r1}	nombre de Grashof relatif à un thermosiphon $\left(G_{r1} = \dfrac{g\beta(T_p - Ta)b^4}{L v^2} \right)$;
G_{r2}	nombre de Grashof relatif à un panache d'un milieu confiné

$$\left(G_{r2} = \frac{g\beta(T_s - Ta)b^4}{L v^2} \right) ;$$

h	coefficient moyen de transfert par convection ;
I	Intensité du courant électrique d'alimentation de la sonde à fil chaud ;

I_{th}	intensité de turbulence thermique $\left(I_{th} = \dfrac{\sqrt{\overline{T'^2}}}{T_{sup} - T_a} \right)$;
I_{td}	intensité de turbulence dynamique $\left(I_{td} = \dfrac{\sqrt{\overline{U'^2}}}{U_{réf}} \right)$;
l	longueur du canal ;
L	hauteur du canal ;
L_f	longueur du fil sensible ;
M	masse molaire du fluide ;
N_u	nombre de Nusselt ;
P	pression motrice dans le canal ;
P_0	pression motrice ambiante ;
P_r	nombre de Prandtl ;
Q_{cv}	énergie cédée au fluide par convection ;
Q_{cd}	énergie perdue par conduction ;
r	constante du gaz parfait ;
R_f	résistance aux bornes du fil sensible ;
S_1	section S_1 de la soufflerie ;
S_2	section S_2 de la soufflerie ;
S_f	aire de la section droite du fil sensible ;
T	température de l'écoulement ;
$\overline{T}$	température moyenne de l'écoulement ;
T'	fluctuation de la température de l'écoulement ;
T_a	température de l'air ambiant ;
T_f	température locale du fil sensible ;
T_p	température des plaques chauffées ;
Ts	température de la source chaude ;

T_{sup} = Tp   pour le cas de thermosiphon seul (source non chauffée) ;

Ts   pour le cas d'un panache dans un milieu confiné (source et plaques chauffées) ;

U, V, W	composantes de la vitesse de l'écoulement suivant z, x et y ;
$\overline{U}, \overline{V}, \overline{W}$	composantes de la vitesse moyenne de l'écoulement ;
U', V', W'	fluctuations de la vitesse de l'écoulement ;

u_0 Vitesse à l'entrée du canal ;

U_{ref} Vitesse de référence $U_{ref} = \dfrac{Lv}{b^2} G_r *^{\left[\frac{1}{\chi}\right]}$; $\chi = 2+\frac{A}{2}$;

Variables adimensionnelles

G_r* nombre de Grashof modifié $G_r* = A.(G_{r1} + G_{r2})$;

H   énergie adimensionnelle absorbée par le fluide ;

Q_v débit adimensionnel de l'écoulement ;

$T*$ température adimensionnelle de l'écoulement $\left[T* = \dfrac{T - Ta}{T\,sup - Ta} \right]$;

$U*$ composante verticale de la vitesse moyenne adimensionnelle de l'écoulement $\left(U* = \dfrac{U}{U_{ref}} \right)$;

$X*$ Longueur adimensionnelle $\left(X* = \dfrac{x}{b} \right)$;

$Z*$ hauteur adimensionnelle $\left(Z* = \dfrac{z}{L} \right)$;

Lettres Grecques

β coefficient de dilatation thermique du fluide ;

λ Conductivité thermique du fluide ;

μ viscosité dynamique du fluide ;

ν viscosité cinématique du fluide ;

ρ Masse volumique du fluide ;

Introduction

L'étude expérimentale présentée dans ce mémoire vise à mieux comprendre la structure de l'écoulement résultant de l'interaction d'un thermosiphon créé par un canal chauffé et d'un panache thermique généré par une source thermique rectangulaire placée à son entrée. Ce genre d'écoulement se rencontre dans plusieurs domaines pratiques tels que les incendies confinés (incendies dans les cages d'ascenseurs et les escaliers…), les cheminées industrielles, les systèmes passifs de captage de l'énergie solaire, etc.…

Les études antérieures se sont orientées vers l'utilisation d'une source de panache présentant une symétrie axiale, soit sous forme d'un disque [6] ou d'une calotte sphérique [23]. Dans la présente étude, nous avons opté pour l'utilisation d'une source de forme rectangulaire qui s'adapte mieux à la géométrie parallélépipédique du canal vertical qu'on a choisi. En outre, ce choix a été dicté par l'idée d'exploiter l'effet panache thermosiphon pour améliorer l'efficacité de certains systèmes passifs de captage d'énergie solaire tels que les capteurs plans à air et les murs trombe.

Afin d'améliorer la qualité du transfert de chaleur dans le canal, nous avons étudié l'influence du nombre de Grashof sur l'écoulement à l'intérieur d'un canal chauffé. Pour cela, nous avons fait varier la température de la source génératrice du panache tout en maintenant les parois du canal à température constante. De plus, nous avons étudié les cas où le panache se développe dans un canal non chauffé puis le cas d'un canal chauffé en présence de la source non chauffée.

Le plan de ce mémoire comporte quatre chapitres :

- Le premier chapitre présente une synthèse bibliographique des résultats expérimentaux et théoriques relatifs aux panaches, aux thermosiphons et à leur interaction.
- Le deuxième chapitre est consacré à l'aspect analytique de l'écoulement ainsi qu'à la formulation du problème et sa mise en équation.
- Dans le troisième chapitre, nous présentons le montage expérimental utilisé et nous décrivons les différentes techniques de mesure employées.

– Dans le quatrième chapitre, nous présentons les résultats obtenus à l'aide d'une visualisation de l'écoulement par plan laser ainsi que les résultats expérimentaux se rapportant aux champs moyens et fluctuant, thermique et dynamique.

Chapitre 1 : Etude bibliographique

De nombreux procédés industriels utilisent ou génèrent des sources chaudes à savoir les fumées des cheminées industrielles, les rejets d'air chaud et les rejets d'eau chaude dans les océans par les centrales électriques. La caractérisation de l'écoulement de la convection naturelle produit par ces sources chaudes est nécessaire au dimensionnement des installations de ventilations ainsi que pour le développement des techniques de prévention et de sécurité aux dangers écologiques et aux nuisances atmosphériques.

De ce fait, il est utile de présenter une étude bibliographique relative aux travaux antérieurs afin de mettre en évidence les mécanismes physiques résultants des écoulements de convection naturelle, à savoir :

- L'évolution d'un panache thermique ;
- L'écoulement de thermosiphon ;
- L'interaction entre panache thermique et thermosiphon.

I- Analyse bibliographique des panaches thermiques libres et illimités

Plusieurs études traitent le développement d'un panache thermique produit par une source chaude dans le but d'analyser et caractériser ce type d'écoulement de convection naturelle.

En 1930, Y.B.ZEL DOVICH [42] a déterminé des solutions analytiques des équations relatives aux écoulements turbulents libres.

Par la suite, en 1941, SCHMIDT [35] s'est intéressé au panache thermique issu d'une grille métallique chauffée dans un milieu isotherme. Il a montré que les panaches turbulents se confinent, au cours de leurs évolutions, dans une région conique ; de plus il a mis en évidence les lois de décroissance des profils moyens axiaux de vitesse et de température avec l'altitude Z en particulier les lois en $Z^{-1/3}$ et en $Z^{-5/3}$.

Dans ce même cadre d'étude, BATCHELOR [9] a proposé des solutions applicables au cas des panaches turbulents à symétrie axiale et par la suite largement vérifiées par l'expérience. Ces solutions, établies dans le cadre des approximations de Boussinesq, imposent aux profils moyens de vitesse et de température une diminution semblable à celle présentée par SCHMIDH.

ROUSSE et al [33] ont présenté des résultats relatifs aux hypothèses de similitude des écoulements à partir des mesures de vitesse et de température faites au dessus d'un brûleur à gaz. Malgré le perfectionnement relativement récent des techniques de mesure dans les écoulements, les résultats de ROUSSE et al [33] constituent une référence appréciable pour déterminer les profils moyens de vitesse et de température d'un panache.

L'hypothèse d'entraînement du fluide ambiant, d'abord introduit par TAYLOR [38] a été repris par MORTON et al [25] (en 1950), qui ont utilisé les résultats expérimentaux de ROUSSE et al [33]. Ils se sont intéressés dans leurs travaux aux panaches issus des jets chauds.

Parmi ceux qui ont détaillé le concept d'entraînement et qui ont pu formuler d'une façon explicite la théorie de ce type d'écoulement, on peut évoquer RICOU et SPLANDING [32], WINGNANSKI et FIELDER [41], BECKER et al [10] et enfin SCHON et al [36]. Néanmoins LUMLEY a expliqué qu'on ne peut pas déduire des études précédentes les caractéristiques fondamentales des panaches thermiques dont l'écoulement est principalement gouverné par les forces d'Archimède.

Plusieurs auteurs ont cherché à mettre en évidence l'influence de ces forces sur la turbulence. De ce fait, en étudiant les panaches issus de jets chauds plans, KOTSOVINOS [26] a constaté qu'on peut atteindre l'auto similitude des profils qui existent dans les jets froids et les panaches purs.

Dans le but d'expliciter la structure globale de l'écoulement du panache, les études se sont orientées vers l'utilisation de deux formes de sources : circulaire et sphérique chauffées électriquement.

En étudiant expérimentalement la structure turbulente d'un panache thermique à symétrie axiale généré par un disque chauffé à 500°C et de diamètre D = 7cm, NAKAGOME et HIRATA [27] ont montré que l'écoulement vertical du panache évolue en deux zones distinctes :

– Une première zone, dite zone de développement, qui est une région de mise en place de l'écoulement caractérisé par la dominance des forces de flottabilité,

– Une deuxième zone, dite zone pleinement turbulente « Auto préservation » dans laquelle une similitude et une affinité des profils moyens de vitesse et de température sont observées assez loin de la source (z = 30cm).

De plus ces auteurs ont mis en évidence un élargissement radial du profil de la vitesse plus important que celui la température pour les panaches turbulents, ce phénomène est inversé pour les jets.

Pour les champs fluctuants de températures et de vitesse, l'étude de l'évolution des intensités de turbulence thermique et dynamique a permis de localiser une grande production de l'énergie cinétique turbulente sur l'axe du panache due aux forces d'Archimède. Cette énergie s'annule une fois éloignée de l'axe. Pour un panache thermique issu d'un disque chauffé à 500°C, la valeur maximale du taux de turbulence est de l'ordre de 0.26.

Les études expérimentales faites par M. BRAHIMI [23], concernant les caractéristiques thermiques et dynamiques des panaches thermiques en interaction, montrent aussi l'existence de deux zones différentes :

- Une première zone de développement de l'écoulement où les gradients thermiques sont intenses, cette zone est caractérisée par des valeurs élevées de la vitesse résultant des forces d'Archimède,
- Une deuxième zone caractérisée par une auto préservation des profils moyens et fluctuants et pour laquelle une lente décroissance de la vitesse est distinguée. Une similitude des profils moyens de vitesse et de température est observée (Fig. I-1).

La frontière entre ces deux zones est obtenue pour une position plus haute que celle donnée par NAKAGOME et HIRATA [27] (z = 50cm).

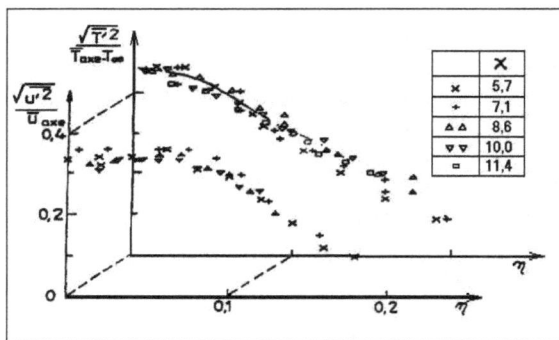

Fig. I-1 : Profils adimensionnels de la température moyenne et de la vitesse verticale moyenne dans la zone affine [23]

Dans le but de caractériser l'évolution d'un panache thermique dans un milieu libre et illimité, A.O.M.MAHMOUD [6] a étudié expérimentalement le comportement d'un panache

10

thermique généré par un disque de diamètre 7cm, porté à une température de 300°C, dont l'alimentation en air frais est à la fois latérale et par le bas.

Suite à une analyse expérimentale des caractéristiques thermiques et dynamiques, A.O.M.MAHMOUD [6] a mis en évidence deux zones distinctes caractérisant la structure globale de l'écoulement :

- Une première zone de développement du panache proche de la source (z < 0.3 cm),
- Une deuxième zone de turbulence éloignée de la source (z > 0.3cm), relativement plus bas que dans le cas d'un panache à alimentation purement latérale.

Cela est du à l'apport vertical de l'alimentation de la source en air frais.

Ce pendant, A.O.M.MAHMOUD [6] distingue une légère diminution de la vitesse et de la température moyennes de l'écoulement sur l'axe du panache (Fig. I-2 et Fig. I-3).

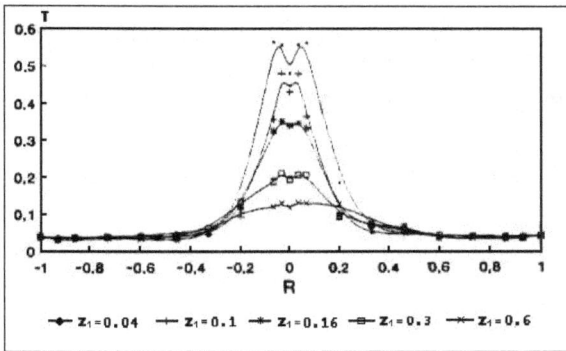

Fig. I-2 : Évolution de la température moyenne adimensionnelle de l'écoulement du panache isolé [6]

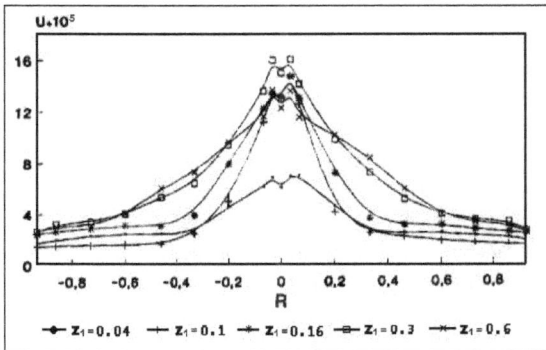

Fig. I-3 : Évolution de composante verticale de la vitesse moyenne adimensionnelle de l'écoulement du panache isolé [6]

11

Par ailleurs, en étudiant la structure turbulente d'un panache thermique à symétrie axiale issu d'une calotte sphérique, de diamètre D = 6.60cm et chauffé à 500°C, J.M.AGATOR [19] a constaté l'existence de deux zones de développement du panache libre :

- – Une première zone de pré-établissement de la turbulence (z < 8cm),
- – Une deuxième zone de turbulence établie pour les champs moyens et fluctuants caractérisant ce type d'écoulement.

En vue de la mise en place d'une modélisation de deux zones d'écoulement ainsi définies, J.M.AGATOR [19] a élaboré deux modèles numériques :

- – Un modèle laminaire, qui tient compte de la variation des propriétés physiques de l'air pour la région du panache voisine de la source chaude et modélise correctement l'évolution de la température moyenne axiale dans la première zone de développement du panache,
- – Un modèle turbulent qui est établi dans le cadre des hypothèses d'affinité, pour la région du panache où les profils expérimentaux sont auto-semblables (Fig. I-4).

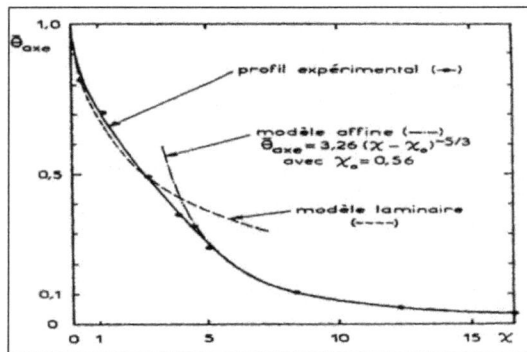

Fig. I-4 : Température moyenne réduite sur l'axe du panache isolé [19]

Dans le but de déterminer l'influence de la température de la source du panache sur la structure globale de l'écoulement, J.M.AGATOR [19] a étudié les champs moyens thermiques de l'écoulement pour quatre valeurs différentes de la température de la source (T_s = 200°C, 300°C, 400°C et 500°C). Il a constaté que tous les profils correspondant à chaque température sont confondus (Fig. I-5).

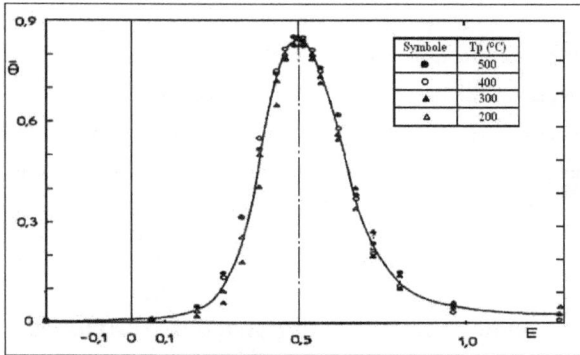

Fig. I-5 : Températures moyennes réduites (Influence de la température de la source
génératrice du panache) [19]

D'autre part, en étudiant le champ fluctuant de température, J.M.GATOR [19] a
remarqué que les profils d'intensité de turbulence présentent un minimum sur l'axe du
panache et deux maxima presque symétriques par rapport à l'axe dont la valeur ne dépasse
pas 0.15 (Fig. I-6).

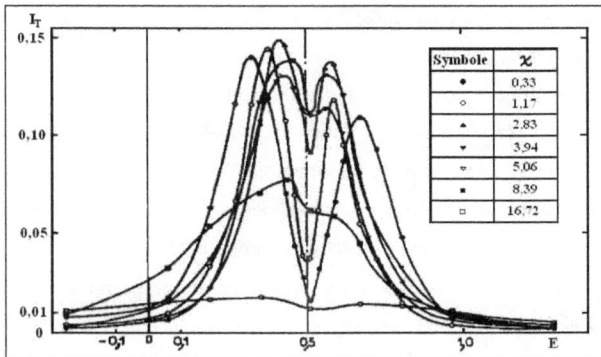

Fig. I-6 : Intensité de turbulence (Panache libre) [19]

De même, B. GUILLOU [7] a étudié l'écoulement généré par une source sphérique
semblable à celle utilisée par AGATOR et il a déterminé l'existence de deux zones identiques
à celles présentées par ce dernier.

13

En examinant les champs fluctuants thermiques et dynamiques, B. GUILLOU [7] a retrouvé la même structure que celle obtenue par AGATOR.

Par la suite, B. GUILLOU [7] a opté pour un modèle basé sur les hypothèses d'affinité destiné à la deuxième zone, tandis ce qu'un modèle numérique, basé sur des hypothèses comme la longueur du mélange et la viscosité turbulente, a été adopté pour la première zone.

Ainsi, B. GUILLOU [7] a obtenu des résultats comparables à ceux obtenus expérimentalement.

II- Phénomènes caractéristiques des panaches thermiques

Le panache thermique interagit avec son milieu ambiant et de ce fait, il est intéressant de présenter les phénomènes caractérisant ces écoulements, à savoir :

- Phénomène d'entraînement ;
- Phénomène d'intermittence de frontière ;
- Phénomène de diffusion thermique.

1- Phénomène d'entraînement

Le phénomène d'entraînement caractérise le transport latéral de l'air par le panache. Le flux massique entraîné à travers une surface conique limitant le panache, augmente avec l'altitude jusqu'à une zone où le coefficient d'entraînement devient constant.

L'étude de ce phénomène a été initiée par B.MORTON et al [8] suivi de N.E. KOTSORINOS et LIST [43]. Plusieurs estimations du coefficient d'entraînement ont été proposées par ces auteurs, suivant différentes méthodes qu'il sera utile d'exposer.

Pour mieux traiter le phénomène d'entraînement, B.MORTON et al [8] ont défini le coefficient d'entraînement α comme étant le coefficient de proportionnalité entre la vitesse radiale et la vitesse verticale V_r sur l'axe U_{axe} à un rayon donné r_1.

Soit :
$$\alpha = \frac{V_r}{U_{axe}}$$

Suite à une analyse détaillée des profils de la vitesse verticale, B.MORTON [8] constate que le coefficient d'entraînement α est constant et satisfaisant la relation : $r = 6\ \alpha\ \dfrac{Z}{5}$.

14

Toutes les études relatives au coefficient α, le signale comme étant une constante, malgré que sa valeur change selon les auteurs et selon les caractéristiques des écoulements étudiés (Tableau I-1).

Configurations	Coefficient d'entraînement α	Chercheurs
Panache atmosphérique : milieu ambiant homogène ou à stratification	0,093	B.R. MORTAN et al [8]
Panache issu d'une flamme	0,104	D.D. EVANS [12]
	0,110	E.E. ZUKOSKI [13]
Panache pur	0,150	B. GUILLOU et al [7]
Jet d'air chaud	0,153	W.K. GEORGE et al [16]

Tableau I-1

Cependant, F.R. RICOU et D.B. SPALDING [32] ont déterminé le taux d'entraînement grâce à une méthode qui consiste à introduire un jet de gaz turbulent à l'intérieur d'un réservoir poreux d'air au repos et à pression constante.

Suite aux mesures du débit massique d'air, entraîné à travers les parois du réservoir, un coefficient K a été défini par $K = \dfrac{1}{\sqrt{\rho_\infty \; M}} \dfrac{dm}{dx}$; avec :

* $M = \displaystyle\int_0^\infty 2\pi \overline{\rho U^2} r dr$: débit de quantité de mouvement ;

* $m = \displaystyle\int_0^\infty 2\pi \overline{\rho U} r dr$: débit massique à travers une section du panache libre ;

La valeur du coefficient K = 0.82 obtenue par F.R. RICOU et D.B. SPALDING [32] est assimilable à celle déterminée expérimentalement pour les jets et les panaches.

Quoique ce coefficient persiste sujet d'une grande disparité entre les chercheurs (Tableau I-2).

Configurations		Coefficient K	Chercheurs
Jet isotherme ou à faible variation de température		0,28	F.P. RICOU et D.B. SPALDING [32]
Jet chaud à bas nombre de Froude		0,25	F. TAMMANI [15]
Jet isotherme		0,29	
Panache	- isolé	De 0,19 à 0,23	M. BRAHIMI [23]
	- en interaction	De 0,21 à 0,25	

Tableau I-2

Dans les cas des faibles variations de la masse volumique, le coefficient K et le coefficient d'entraînement α sont liés par la relation : $K = \sqrt{8\pi\alpha}$

2- Phénomène d'intermittence de frontière

En étudiant un écoulement turbulent libre, S. CORRSIN et A. KISTER [34] ont montré que, suite à l'interaction entre un écoulement turbulent libre et son milieu ambiant, il y a création d'une frontière assimilable à une interface non étanche et très mince. Cette frontière est nette et aléatoire.

A partir d'une étude théorique, KT YANG et V.W. NEE [21] ont montré que cette frontière existe en convection naturelle et qu'elle peut varier sensiblement avec le nombre de Grashof de l'écoulement.

En 1984, A.A. TOWNSEND [5] avait défini le facteur d'intermittence thermique γ comme étant le pourcentage entre le temps pendant lequel l'écoulement est turbulent et le temps total d'enregistrement.

M. BRAHIMI et al [23] ont montré que, pour un panache thermique isolé, le facteur γ de l'écoulement est différent de la valeur unité sur l'axe suite à l'entraînement des bouffées d'air ambiant (Fig. I-7).

16

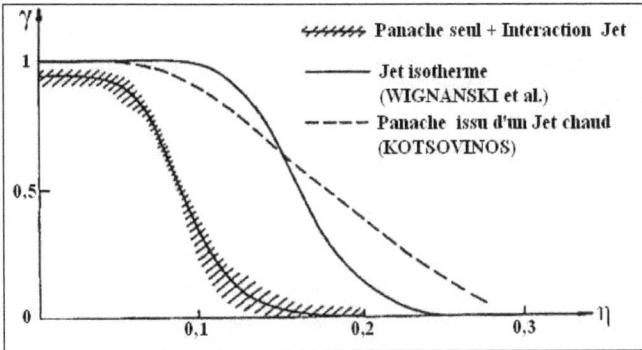

Fig. I-7 : Variation du facteur d'intermittence thermique

En se référant aux études de A.A. TOWNSEND [5] sur les sillages, M. BRAHIMI et B. GUILLOU [20] proposent une loi empirique de γ de la forme :

$$\gamma = \frac{0.95}{1 + \dfrac{\eta^4}{\eta_0^4}} \quad \text{avec } \eta_0 = 0,09$$

Cette expression analytique intégrée dans les études numériques, a donné des résultats satisfaisants. Quant à l'intermittence dynamique, elle n'a pas été mesurée expérimentalement.

M. BRAHIMI et al [23] ont remarqué qu'on ne peut pas prévoir l'évolution à partir des examens des corrélations entre les fluctuations thermique et dynamique. L'évolution radiale du coefficient de corrélation $R_{U'T'}$ dans la zone établie, montre que celui-ci garde une valeur élevée sur une grande largeur de l'écoulement même dans la région fortement intermittente (Fig. I-8).

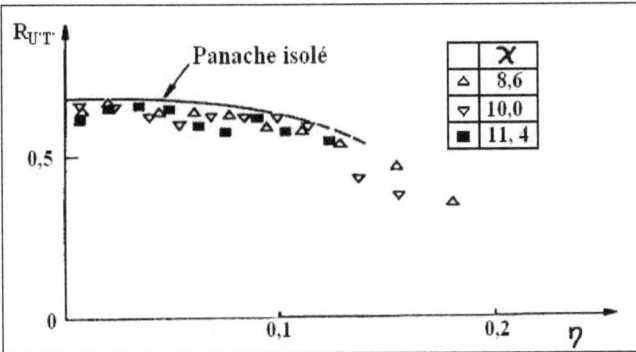

Fig. I-8 : Évolution radiale du coefficient de corrélation $R_{U'T'}$

17

3- Phénomène de diffusion thermique

La diffusion turbulente et la convection naturelle introduisent une propagation latérale dans le panache thermique.

Ce phénomène est caractérisé par un coefficient d'expansion λ, défini par : $\lambda = \dfrac{R_{0.5T}}{R_{0.5U}}$, avec :

- $R_{0.5T}$: les demi-largeurs thermiques pour lesquelles les valeurs axiales de températures adimensionnelles sont égales à la moitié de sa valeur maximale.
- $R_{0.5U}$: les demi-largeurs dynamiques pour lesquelles les valeurs axiales de vitesses verticales adimensionnelles sont égales à la moitié de sa valeur maximale.

Plusieurs études traitent les valeurs du coefficient d'expansion selon des cas différents, ces études sont résumées dans le tableau I-3.

De plus, M. BRAHIMI et al [23] ont étudié des taux d'expansion thermique et dynamique $\dfrac{dR_{0.5T}}{dx}$ et $\dfrac{dR_{0.5U}}{dx}$. Pour le panache isolé, ils ont trouvé une valeur de 0,097 pour le taux d'expansion thermique et une valeur de 0,095 pour le taux d'expansion dynamique.

Auteurs	Cas étudiés	Valeur de λ
H. ROUSSE et al [33]	Panache issu d'une flamme	1,17
H. NAKAGOME et M. HIRATA [27]	Panache pur	0,79
M. BRAHIMI et al [23]	Panache pur	1,02
W.K. GEORGE et al [16]	Jet chaud à bas nombre de Froude	0,93

Tableau I-3

III- Ecoulement de thermosiphon dans un canal vertical

L'écoulement du panache thermique qui se développe à l'intérieur d'un milieu, délimité par des parois verticales, émet un rayonnement thermique qui chauffe ces parois. Cet échauffement, à flux constant ou à température constante, conduit à l'apparition d'un écoulement de convection naturelle appelé thermosiphon.

Parmi les études traitant ces écoulements, peu de cas ont été consacré à des parois cylindriques.

Suite à son confinement à l'intérieur du cylindre, le fluide se met en mouvement et provoque un écoulement ascendant le long du cylindre. Le volume d'air frais aspiré s'échauffe lors de son contact avec les parois chaudes et par conséquent ce volume devient léger ce qui permet sa montée sous l'effet de la poussée d'Archimède. Ainsi, se produit un écoulement de thermosiphon qui enveloppe le panache thermique.

L'écoulement de thermosiphon est rencontré dans différents systèmes thermiques, en particulier, les systèmes passifs de captage d'énergie solaire, les cheminées industrielles, les tours de refroidissement des centrales nucléaires...

Ces différents domaines réclament une optimisation des systèmes thermiques, ce qui nécessite une connaissance de plus en plus fine de l'écoulement du fluide et du transfert thermique convectif qui l'accompagne.

En effet, la structure et les caractéristiques de l'écoulement dépendent essentiellement des dimensions du système utilisé ainsi que l'écart de la température de la paroi chauffée et la température du milieu ambiant. Ainsi, l'écoulement de thermosiphon se développe en régime de couche limite ou en régime établi et cela suivant les valeurs du nombre de Grashof.

Vers les années 40, ELENBASS [14] était le premier à réaliser une étude expérimentale sur un canal vertical chauffé à une température constante. Grâce à cette étude, il a pu mettre en évidence l'importance du groupement adimensionnel $\dfrac{1}{\text{Gr Pr}}$ et de proposer une corrélation semi-empirique. Les principaux résultats expérimentaux sont présentés dans le tableau I-4.

Les travaux élaborés dans ce domaine, diffèrent par deux exigences : la forme et la valeur de la vitesse d'entrée ainsi que la pression motrice à l'entrée du canal due au confinement du fluide entre les parois chaudes. Cette pression était toujours sujette de discorde entre les chercheurs.

Les études théoriques, faites à ce propos, consistent essentiellement à résoudre les équations de couche limite, en adoptant souvent la méthode de différences finies.

Les résultats obtenus, ont montré que, si le nombre de Grashof augmente, la chute de pression motrice ainsi que le profil uniforme de la vitesse à l'entrée du cylindre ont un effet important sur la structure de l'écoulement.

En effet, vers les années 70, T. AIHARA [37] était parmi les premiers à avoir soulever le problème de la pression motrice et de la forme de la vitesse. Il a opté pour l'utilisation de deux profils de vitesse à l'entrée : un profil parabolique et un profil uniforme. Le tableau I-5 résume ces principaux travaux et présente un aperçu sur les plus importantes lois proposées pour un régime laminaire.

Auteurs	Conditions de chauffage	Dimensions du canal	Corrélations
ELENBASS (1942) [14]	Température constante		$Nu = \dfrac{1}{24}Ra(1-\exp(-\dfrac{35}{Ra}))^{\frac{3}{4}}$
G. HUGOT (1972) [17]	Température constante Chauffage symétrique (résistance électrique)	Canal vertical H = 3,2m L = 1m 0,05< l <0,60	$Nu = \dfrac{1}{24}Ra$ Grand écartement en régime laminaire
W. AUNG (1972) [39]	Circulation d'eau chaude (chauffage asymétrique)	Canal vertical H = 0,18m L = 0,18m 0,005< l <0,019	Pour des Ra > 400, $Nu = 0,68\,Ra^{0,25}$
A. WIRTZ et STUTZMAN (1982) [4]	chauffage à flux constant par des résistances électriques	Canal vertical forme carré et isolé C = 0,303m 0,0079< b <0,0178	$Nu = C(\dfrac{L}{X})^{m}Ra^{n}$ Pour un grand espacement b : C = 0 ,52 ; M = 0 ,2 ; n = 0,2 Pour un faible espacement b : C = 0 ,144 ; M = 1 ; n = 0,5 Pour des espacements intermédiaires : $Nu = 0,144(\dfrac{L}{X})[1+0,015(\dfrac{L}{X})Ra^{0,9}]^{0,33}$ $(\dfrac{L}{X})^{m} = \dfrac{T_{p}(X)-T_{0}}{T_{p}(x)-T_{0}}$
A. LAPICA (1983) [3]	Flux constant		$Nu = 0,928(\dfrac{b}{L})^{0,897}Ra^{0,2}$
R. Ben MAAD (1995) [30]	Chauffage à T = Constante Chauffage par résistance en papiers carbone	Canal vertical forme carré et isolé C = 0,4m b = 0,048m	$Nu = 0,525\,Ra^{0,25}$

Tableau I-4

Auteurs	Conditions de chauffage	Nature d'étude Pression d'entrée	Corrélations
BODIA et OSTERLE (1962) [11]	Température constante (Symétrique)	Numérique 0	$Nu = 0,68\ Ra^{0,25}$
OSAMU et TETSU FUJII (1972) [29]	Température constante (Dissymétrique)	Numérique 0	$Nu = C_0\ Ra^{0,25}$ $C_0 = 0,58(1+0,165\ Ra^{0,36})$; $Pr = 0,7$ $C_0 = 0,64(1+0,089\ Ra^{0,36})$; $Pr = 10$ $Q_v = (\dfrac{1+R}{24})[1 - \dfrac{C_1}{\exp(4,4+R)Ra}]$ $C_1 = 36$; $Pr = 0,7$ $C_1 = 44$; $Pr = 10$ $R = \dfrac{T_p 1 - T_0}{T_p 2 - T_0}$
T. AIHARA (1972) [37]	Température constante (Symétrique)	Numérique 0 $\dfrac{U_0^2}{2}$; $- 27\dfrac{U_0^2}{35}$	
OLUSOJI OFI (1977) [28]	Température constante (Symétrique)	Théorique 0	$Nu = 0,699\ Ra^{0,25}$
A. DALBERT (1981) [25]	Flux constant	Numérique 0 $\dfrac{U_0^2}{2}$	
RAMAKARI-SHNA (1982) [31]	Température et flux constants	Numérique 0 $\dfrac{U_0^2}{2}$	A température constante, $Nu = 0,512\ Ra^{0,285}$ A flux constant, $Nu = 0,530 Ra^{0,3}$
L.S. YAO (1982) [22]	Température et flux constants	Analytique	A flux constant $Nu(x) = \sqrt{\dfrac{Re}{2x}[\dfrac{1}{1,54} - 0,297.\varepsilon.(2x)^{\frac{3}{2}}]}$ A température constante $Nu(x) = \sqrt{\dfrac{Re}{2x}[-0,4696 - 0,192.\varepsilon.(2x)]}$ $Re = \dfrac{U_0 b}{\upsilon}$; $\varepsilon = \dfrac{G_r}{Re^2}$

Tableau I-5

IV- Interaction Panache - Thermosiphon

L'évolution d'un panache thermique à l'intérieur d'un canal vertical provoque l'échauffement des parois du canal, sous l'effet du rayonnement thermique émis par la source génératrice du panache.

Le gradient de température, ainsi présent, entraîne un mouvement du fluide en bas du dispositif.

Le confinement de ce fluide, entre les parois chaudes, conduit à une aspiration de l'air frais par le bas. Ce qui implique l'apparition d'un écoulement de thermosiphon qui s'ajoute à celui du panache thermique.

La détermination de la structure globale ainsi que les caractéristiques turbulentes de l'écoulement permet de préciser l'effet du thermosiphon sur le panache.

A.O.M MAHMOUD [6] était le premier à étudier l'interaction d'un panache thermique avec un thermosiphon. Il s'est intéressé à une étude expérimentale de cet écoulement, généré par un disque plat chauffé électriquement à une température de 300°C et placé à l'intérieur d'un cylindre vertical.

Contrairement aux études antérieures, A.O.M MAHMOUD [6] a constaté la présence de trois zones distinctes (Fig. I-9, I-10, I-11, I-12) :

- Une première zone ($Z^* \le 0.1$) : zone d'instabilité caractérisée par une forte interaction, qui sert à alimenter le panache en air frais. Cette interaction est à l'origine de l'apparition de rouleaux contrarotatifs symétriques par rapport à l'axe du panache. La première zone se distingue par des profils de vitesse et de températures moyennes de l'écoulement ainsi que les intensités turbulentes thermique et dynamique qui y évoluent en trois extremas,

- Une deuxième zone ($0.1 \le Z^* \le 0.3$) : zone de pré-établissement de la turbulence indiquant une contraction de l'écoulement qui est caractérisée par des profils Gaussiens centrés sur l'axe du panache,

- Une dernière zone ($Z^* \ge 0.3$) : zone de turbulence établie où les profils deviennent aplatis et auto semblables.

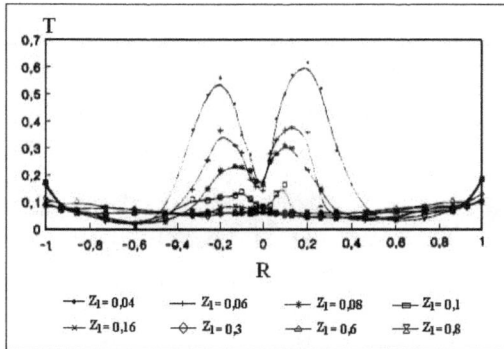

Fig. I-9 : Évolution de la température moyenne adimensionnelle de l'écoulement du panache avec thermosiphon [6]

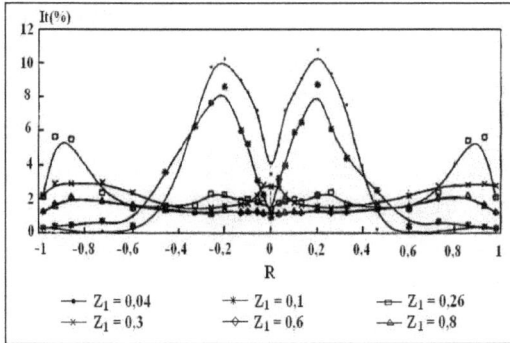

Fig. I-10 : Évolution radiale de l'intensité de turbulence thermique de l'écoulement panache-thermosiphon [6]

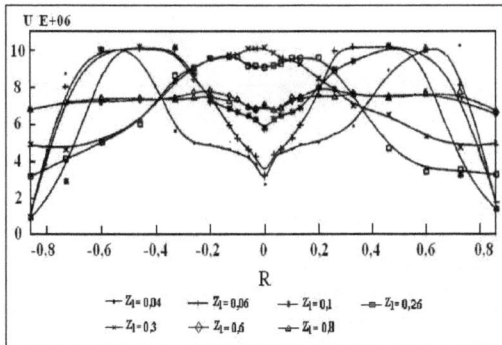

Fig. I-11 : Évolution radiale de la composante verticale de la vitesse adimensionnelle de l'écoulement panache-thermosiphon [6]

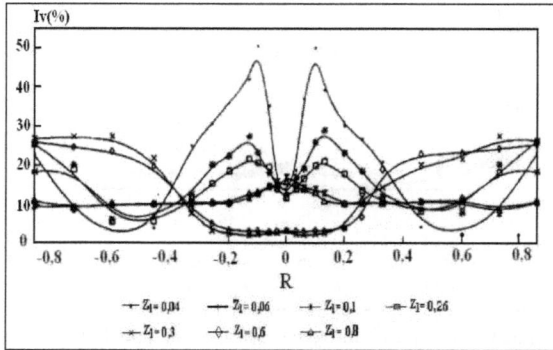

Fig. I-12 : Évolution radiale de l'intensité de turbulence dynamique de l'écoulement panache-thermosiphon [6]

A.O.M MAHMOUD [6] a aussi montré que l'effet de thermosiphon sur le panache thermique implique :

– Une augmentation du débit volumique moyen de l'écoulement (Fig. I-13) ;
– Une intensification du transfert thermique (Fig. I-14) ;
– Une homogénéisation rapide du fluide conduisant à des profils uniformes de vitesse et de température à la sortie du cylindre.

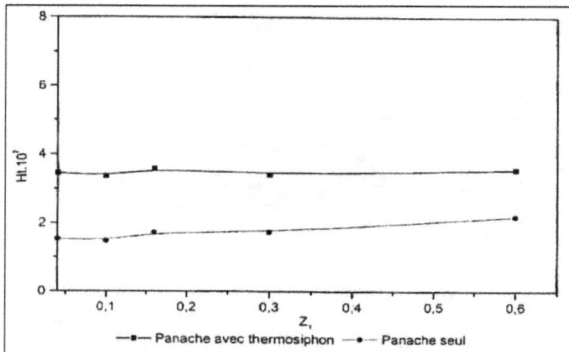

Fig. I-13 : Évolution de l'énergie adimensionnelle absorbée par le fluide en fonction de Z_1 [6]

24

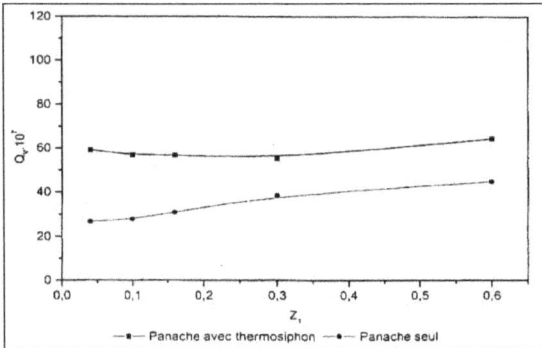

Fig. I-14 : Évolution du débit volumique adimensionnel en fonction de Z_1 [6]

L'influence des facteurs de forme sur l'interaction panache thermique à symétrie axiale avec thermosiphon a été étudiée par J. ZINOUBI [18]. Le panache approprié est généré par un disque plat chauffé uniformément à une température de 300°C. Cette source est placée à l'entrée d'un cylindre vertical à paroi adiabatique.

J. ZINOUBI [18] a montré que, pour un emplacement de la source par rapport à l'entrée du cylindre, la diminution de l'écartement cylindre source entraîne :

- Une augmentation du débit volumique moyen de l'écoulement (Fig. I-15) ;
- Une intensification de l'énergie absorbée par le fluide (Fig. I-16) ;
- Une homogénéisation rapide du fluide conduisant à des profils uniformes de vitesse et de température pour z = -5cm (Fig. I-17).

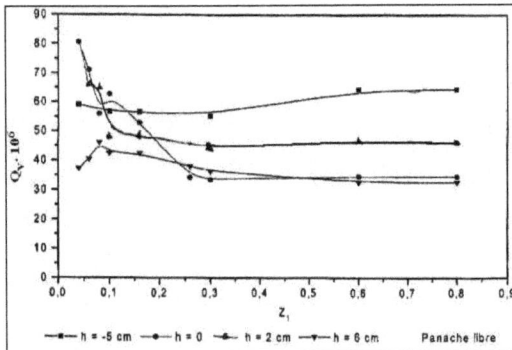

Fig. I-15 : Évolution verticale du débit volumique adimensionnel des écoulements [18]

25

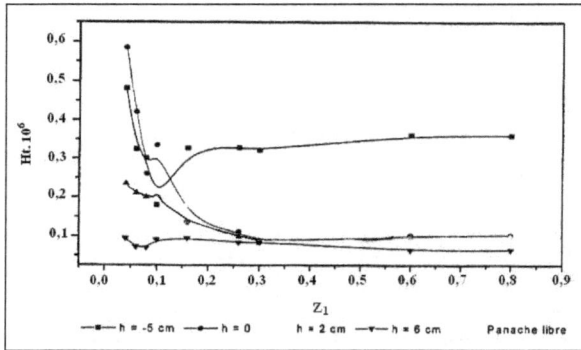

Fig. I-16 : Évolution verticale de l'énergie adimensionnelle absorbée par le fluide [18]

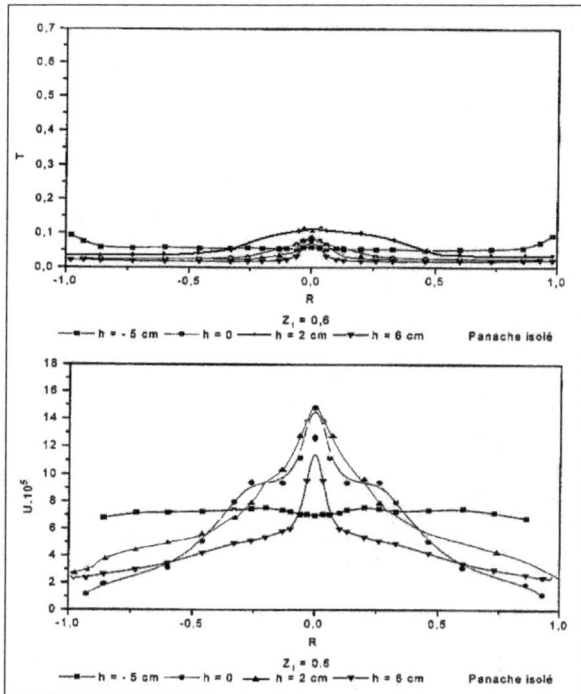

Fig. I-17 : Évolution radiale de la température moyenne et de la composante verticale de la vitesse adimensionnelles de l'écoulement panache-thermosiphon [18]

En examinant l'effet de la hauteur du cylindre sur l'interaction panache thermosiphon, J. ZINOUBI [18] a constaté que le thermosiphon, enveloppant le panache, intervient pour limiter son expansion latérale dans la partie supérieure du cylindre, ce qui implique le blocage de l'écoulement ascendant.

Par la suite, il a introduit une grille de turbulence en amont de la source, afin de provoquer une atténuation du panache, ce qui entraîne la division de l'écoulement en deux zones distinctes et fait apparaître des tourbillons dès l'entrée du système.

Cette étude a permis de marquer (Fig. I-18, I-19) :

- Une réduction des fluctuations de température ;
- Une augmentation des fluctuations de vitesse ;
- Une homogénéisation rapide du fluide donnant lieu à des profils de vitesse et de température uniformes.

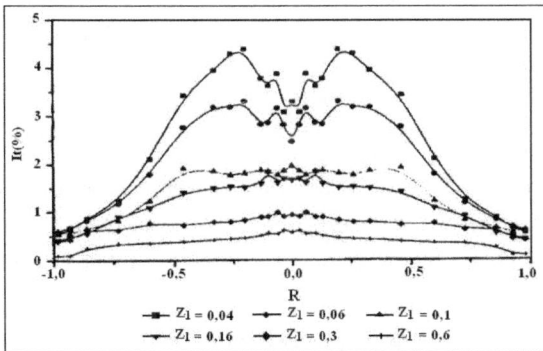

Fig. I-18 : Évolution radiale de l'intensité de turbulence thermique de l'écoulement panache-thermosiphon avec une grille de turbulence [18]

Récemment, A. GAMMOUDI [40] a étudié le développement d'un panache thermique, à symétrie axiale, dans un canal vertical parallélépipédique vertical. Le panache est généré par un disque plat chauffé électriquement à une température uniforme placé à l'intérieur du canal vertical à une distance $Z_0 = 5$ cm.

L'échauffement des parois internes du canal vertical conduit à l'apparition d'un écoulement de thermosiphon qui enveloppe le panache thermique.

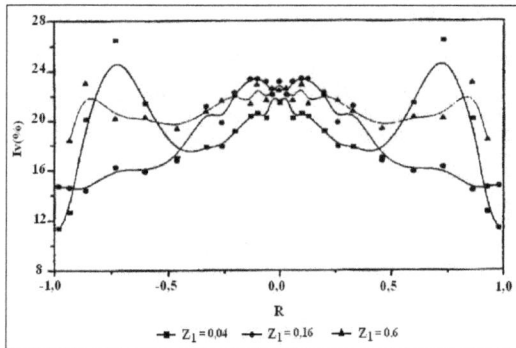

Fig. I-19 : Évolution radiale de l'intensité de turbulence dynamique de l'écoulement panache-thermosiphon avec une grille de turbulence [18]

L'étude des champs moyens thermique et dynamiques, suivant la direction pour laquelle les parois du canal sont les plus éloignées de la source, a montré qu'une telle configuration a permis d'éviter le problème de blocage de l'écoulement ascendant signalé par les études antérieures.

Cette étude bibliographique a été consacrée à donner des aperçus sur plusieurs travaux relatifs aux panaches thermiques libres, aux écoulements de thermosiphon dans un canal vertical ainsi qu'à l'interaction panache thermosiphon dans un cylindre vertical et un parallélépipède vertical.

A la suite de cette analyse, il apparaît que les travaux déjà énoncés se sont orientés uniquement vers l'étude de l'évolution du panache généré par deux types de sources chauffées électriquement ayant la forme soit d'un disque, soit d'une calotte sphérique.

Cependant, il nous paraît intéressant d'étudier expérimentalement le développement d'un panache thermique généré par une source rectangulaire placée à l'entrée d'un canal parallélépipédique vertical afin d'apporter une continuation aux travaux antérieurs menés sur l'interaction panache thermosiphon.

Chapitre 2 : Aspects analytiques

Dans ce chapitre, on se propose d'établir d'abord les équations régissant l'écoulement bidimensionnel de convection naturelle turbulente dans un canal parallélépipédique vertical. Un certain nombre d'hypothèses et de conditions aux limites sont adoptées pour l'écriture et la simplification de ces équations. Ensuite, nous effectuons un bilan énergétique au niveau du canal.

I- Formulation du problème

L'écoulement étudié est un écoulement de convection naturelle dans un canal vertical à parois chauffées à l'entrée duquel est placée une source thermique de forme rectangulaire (figure III-1). L'écoulement qui en résulte est celui de l'interaction d'un panache avec un thermosiphon.

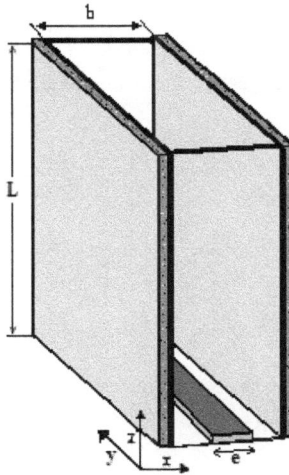

Figure II-1 : Source de panache placée à l'entrée d'un canal chauffé

1- Position du problème et hypothèses simplificatrices

– La dimension du canal suivant l'axe (oy) étant supposé très grande devant sa largeur b, on peut admettre que l'écoulement est bidimensionnel dans le plan xoz.

– En première approximation, on suppose que le fluide étudié est newtonien, incompressible et à propriétés physiques constantes dans la gamme des températures étudiées.

– L'écoulement du fluide dans le canal chauffé est supposé turbulent. En conséquence, nous adoptons la décomposition classique des grandeurs instantanées sous la forme de la somme d'une moyenne et d'une fluctuation.

Ainsi, le champ instantané des vitesses s'écrit :

$$\vec{u} = U\vec{e_z} + V\vec{e_x}$$

avec : $U = \overline{U} + U'$ et $V = \overline{V} + V'$

où U' et V' sont respectivement les fluctuations des composantes horizontale et verticale de la vitesse alors que $\overline{U}$ et $\overline{V}$ sont les valeurs moyennes correspondantes.

La température s'écrit également sous la forme :

$$T = \overline{T} + T'$$

où $\overline{T}$ désigne la valeur moyenne et T' est sa fluctuation.

2- Mise en équation

L'écoulement est régi par les équations de conservation de la masse, de quantité de mouvement et de l'énergie.

2-1 - Equation de continuité

$$\frac{\partial V}{\partial x} + \frac{\partial U}{\partial z} = 0 \qquad (II\text{-}1)$$

Dans l'hypothèse où l'écoulement est bidimensionnel en moyenne, stationnaire et non isotherme, l'équation (II-1) devient :

$$\frac{\partial \overline{U}}{\partial z} + \frac{\partial \overline{V}}{\partial x} = 0 \qquad (II\text{-}2)$$

2-2 - Equation de conservation de la quantité de mouvement

Suivant l'axe (ox)

$$V\frac{\partial V}{\partial x} + U\frac{\partial V}{\partial z} = -\frac{1}{\rho}\frac{dP}{dx} + \upsilon\left(\frac{\partial^2 V}{\partial x^2} + \frac{\partial^2 V}{\partial z^2}\right) \tag{II-3}$$

Suivant l'axe (oz)

$$V\frac{\partial U}{\partial x} + U\frac{\partial U}{\partial z} = -\frac{1}{\rho}\frac{dP}{dz} + \upsilon\left(\frac{\partial^2 U}{\partial x^2} + \frac{\partial^2 U}{\partial z^2}\right) \tag{II-4}$$

Les équations précédentes pour les valeurs moyennes s'écrivent :

$$\overline{V}\frac{\partial \overline{V}}{\partial x} + \overline{U}\frac{\partial \overline{V}}{\partial z} = -\frac{1}{\rho}\frac{d\overline{P}}{dx} + \upsilon\left[\frac{\partial^2 \overline{V}}{\partial x^2} + \frac{\partial^2 \overline{V}}{\partial z^2}\right] - \left[\frac{\partial \overline{V'^2}}{\partial x} + \frac{\partial \overline{U'V'}}{\partial z}\right] \tag{II-5}$$

$$\overline{V}\frac{\partial \overline{U}}{\partial x} + \overline{U}\frac{\partial \overline{U}}{\partial z} = -\frac{1}{\rho}\frac{d\overline{P}}{dz} + \upsilon\left[\frac{\partial^2 \overline{U}}{\partial x^2} + \frac{\partial^2 \overline{U}}{\partial z^2}\right] - \left[\frac{\partial \overline{U'V'}}{\partial x} + \frac{\partial \overline{U'^2}}{\partial z}\right] \tag{II-6}$$

2-3 - Equation de conservation de l'énergie

$$V\frac{\partial T}{\partial x} + U\frac{\partial T}{\partial z} = \frac{1}{\rho Cp}U\frac{dP}{dz} + \frac{\upsilon}{P_r}\left(\frac{\partial^2 T}{\partial x^2} + \frac{\partial^2 T}{\partial z^2}\right) \tag{II-7}$$

Où on a négligé les termes de dissipation visqueuse.

L'équation aux valeurs moyennes s'écrit :

$$\overline{V}\frac{\partial \overline{T}}{\partial x} + \overline{U}\frac{\partial \overline{T}}{\partial z} = \frac{1}{\rho Cp}\overline{U}\frac{d\overline{P}}{dz} + \frac{\upsilon}{P_r}\left[\frac{\partial^2 \overline{T}}{\partial x^2} + \frac{\partial^2 \overline{T}}{\partial z^2}\right] - \frac{\partial \overline{U'T'}}{\partial z} - \frac{\partial \overline{V'T'}}{\partial x} \tag{II-8}$$

3-   Equations réduites

Les variables adimensionnelles utilisées sont les suivantes :

$$X^* = \frac{x}{b} \; ; \qquad Z^* = \frac{z}{L} \; ; \qquad P^* = \frac{P}{\rho\, U^2_{ref}} \; ; \qquad \overline{T}^* = \frac{\overline{T} - Ta}{T_{sup} - Ta} \qquad ; \qquad T'^* = \frac{T' - Ta}{T_{sup} - Ta} \; ;$$

$$\overline{U}^* = \frac{\overline{U}}{U_{ref}} \; ; \qquad U'^* = \frac{U'}{U_{ref}}$$

U_{ref} est calculé à partir du nombre du Grahof utilisé dans cette étude.

Après avoir introduit les variables adimensionnelles dans les équations (II-2), (II-5), (II-6) et (II-8), on obtient le système suivant :

$$\frac{b}{L}\frac{\partial \overline{U}^*}{\partial Z^*} + \frac{\partial \overline{V}^*}{\partial X^*} = 0$$

$$\overline{V}^*\frac{\partial \overline{U}^*}{\partial X^*} + \frac{b}{L}\overline{U}^*\frac{\partial \overline{U}^*}{\partial Z^*} = -\frac{b}{L}\frac{d\overline{P}^*}{dZ^*} - \frac{b^2}{LG_r^{*\left[\frac{1}{\chi}\right]}}\frac{\partial^2 \overline{U}^*}{\partial X^{*2}} + \frac{b^3}{L^2 G_r^{*\left[\frac{1}{\chi}\right]}}\frac{\partial^2 \overline{U}^*}{\partial Z^{*2}} + -\left[\frac{\partial \overline{U'^*V'^*}}{\partial X^*} + \frac{b}{L}\frac{\partial \overline{U'^{*2}}}{\partial Z^*}\right]$$

$$\overline{V}^*\frac{\partial \overline{U}^*}{\partial X^*} + \frac{b}{L}\overline{U}^*\frac{\partial \overline{U}^*}{\partial Z^*} = -\frac{d\overline{P}^*}{dX^*} + \frac{b^2}{LG_r^{*\left[\frac{1}{\chi}\right]}}\frac{\partial^2 \overline{U}^*}{\partial X^{*2}} + \frac{b^3}{L^2 G_r^{*\left[\frac{1}{\chi}\right]}}\frac{\partial^2 \overline{U}^*}{\partial Z^{*2}} - \left[\frac{\partial \overline{U'^*V'^*}}{\partial Z^*} + \frac{b}{L}\frac{\partial \overline{U'^{*2}}}{\partial X^*}\right]$$

$$\overline{V}^*\frac{\partial \overline{T}^*}{\partial X^*} + \frac{b}{L}\overline{U}^*\frac{\partial \overline{T}^*}{\partial Z^*} = \frac{b}{L}E_c\overline{U}^*\frac{d\overline{P}^*}{dZ^*} + \frac{b}{LP_r G_r^{*\frac{1}{\chi}}}\frac{\partial^2 \overline{T}}{\partial X^{*2}} + \frac{b^3}{L^3 P_r G_r^{*\frac{1}{\chi}}}\frac{\partial^2 \overline{T}}{\partial Z^{*2}} - \frac{\partial \overline{V'^*T'^*}}{\partial X^*} - \frac{b}{L}\frac{\partial \overline{U'^*T'^*}}{\partial Z^*}$$

4- Conditions aux limites

Les conditions aux limites correspondant à notre cas d'étude sont les suivantes :

- *Au voisinage de la paroi, la vitesse obéit à la condition d'adhérence :*
Pour $0 < Z^* < 1$ et $X^* = 0$ et $X^* = 1$; $U = V = 0$.

- *Sur les deux parois chauffées sont imposées deux températures constantes :*
Pour $X^* = 0$ et $X^* = 1$ et pour $0 < Z^* < 1$; $T = Tp$ soit $T^* = \frac{T_p - Ta}{Ts - Ta}$

- *A l'entrée du canal :*

32

Pour $Z^* = 0$ et $-0,4 < X^* < 0,4$; $T = Ts$, $T^* = 1$, $U = V = 0$ (adhérence à la surface de la source).

Pour $Z^* = 0$ et $X^* \in [-1 ; -0,4] \cup [0,4 ; 1]$; $T = Ta$, $T^* = 0$, $U = U_0$, $V = 0$; (de part et d'autre de la source).

– *A la sortie du canal :*

Pour $Z^* = 1$; $P = P_{atm}$

Les termes de transport $\overline{U'V'}$ et $\overline{T'U'}$ qui apparaissent dans le système précédent satisfont d'autres équations qu'on peut écrire à partir des précédentes. Ensuite la fermeture de ces équations nécessite d'exprimer les moments inconnus en fonctions des champs moyens de température et de vitesse, les tensions turbulentes et les flux de chaleur turbulent ainsi qu'une échelle de temps caractéristique.

II- Bilan énergétique à l'intérieur du canal :

Pour la configuration d'étude, on dispose de deux sources de chaleur à savoir la source du panache et les parois chauffées du canal.

1- Bilan énergétique au niveau de la source

La puissance fournie à la source φ_{e1} se divise en deux quantités (figure II-1) :
– Une première quantité φ_{cv1} échangée par convection entre la source et le fluide ;
– Une deuxième quantité φ_{r1} émise par rayonnement vers les parois internes du canal.

$$\varphi_{e1} = \varphi_{cv1} + \varphi_{r1}$$

2- Bilan énergétique au niveau des parois

L'énergie électrique φ_{e2} fournie aux deux parois est également divisée en deux parties (figure II-1) :

– Une première partie φ_{cv2} récupérée par le fluide par convection ;
– Une deuxième partie φ_{r2}, rayonnée vers la source du panache.

$$\varphi_{e2} = \varphi_{cv2} + \varphi_{r2}$$

33

L'écoulement du fluide dans le canal, par effet de thermosiphon, entraîne de l'énergie dans son mouvement.

L'énergie perdue par les deux parois est évacuée par convection φ_{cv2}, pour être récupérée ensuite par le fluide au cours de son ascension. Ainsi, l'énergie totale absorbée par le fluide est égale à :

$$\varphi_{cv} = \varphi_{cv1} + \varphi_{cv2}$$

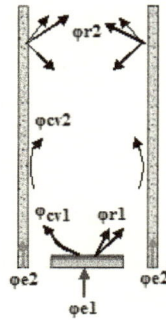

Figure II-2 : Bilan énergétique

Chapitre 3 : Dispositif expérimental et techniques de mesure

Pour approfondir nos études sur le phénomène d'interaction d'un panache thermique avec un thermosiphon, à l'intérieur d'un canal vertical, nous avons opté pour une source du panache de forme rectangulaire. Dans le but de simuler le problème au laboratoire, un dispositif expérimental a été conçu et réalisé.

I- Description du montage expérimental

Le schéma du dispositif expérimental est illustré par la figure Fig.III-1. Le panache thermique est introduit par la source rectangulaire placée à l'entrée d'un canal vertical parallélépipédique. Afin de minimiser les perturbations de l'écoulement et permettre au système une alimentation en air frais par le bas, l'ensemble est installé sur un châssis à une hauteur de 0.8m du sol.

Une sonde à fil chaud, fixée à un système de déplacement et reliée à plusieurs appareils de mesure, permet de prélever la température et la vitesse tout au long de l'écoulement.

Un système d'acquisition de données assure le développement et l'enregistrement de ces signaux pour un traitement ultérieur.

1- Canal vertical

Le canal utilisé est une conduite parallélépipédique de hauteur 50 cm, de longueur 50 cm et de largeur 20 cm. Il est formé de (Fig.III-2) :

- Deux plaques en Duralumin (AU4G) chauffées électriquement par une résistance en papiers de carbone de longueur 40 cm et de largeur 40 cm ;

Deux plaques en Plexiglas permettant la fermeture du canal de longueur 40 cm et largeur 15 cm ;

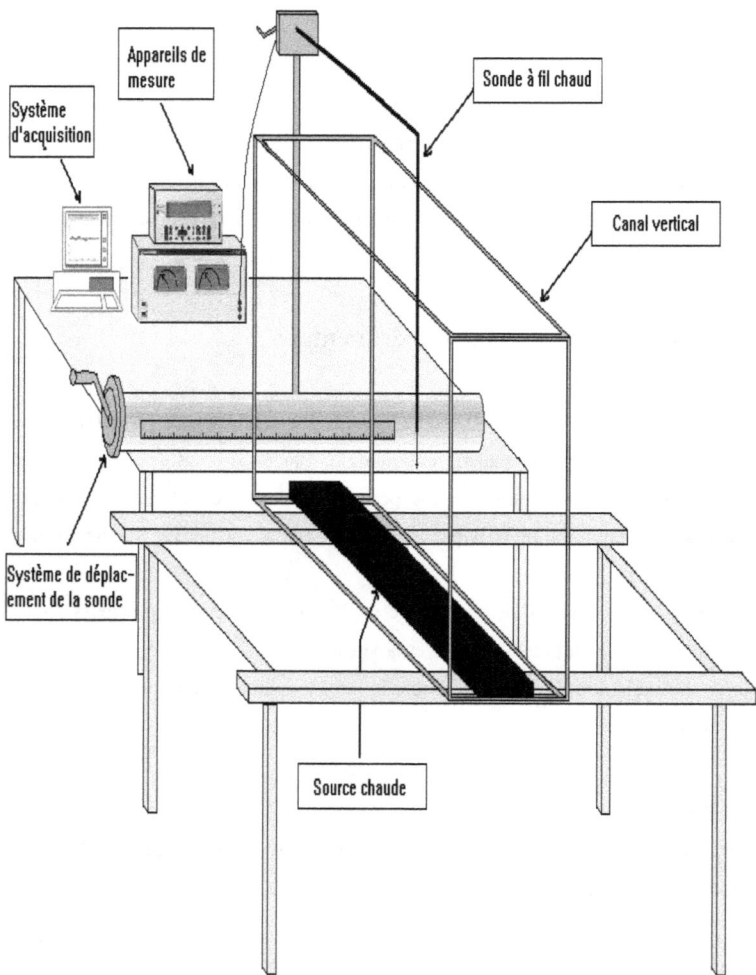

Fig.III-1 : Dispositif expérimental

La température des plaques est maintenue constante à l'aide d'une alimentation stabilisée fournissant une tension et un courant constants pour chaque cas d'étude.

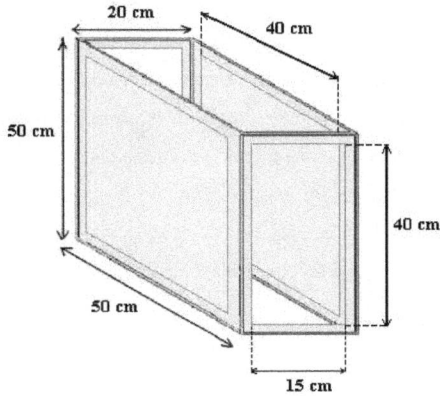

Fig.III-2 : Canal parallélépipédique

L'uniformité de la température des surfaces des plaques chauffées est vérifiée à l'aide de trois thermocouples Chromel -Alumel (Fig.III-3) placés sur la face arrière de chaque plaque dans des trous de 1 mm de diamètre qui arrivent jusqu'à la face avant de chaque plaque.

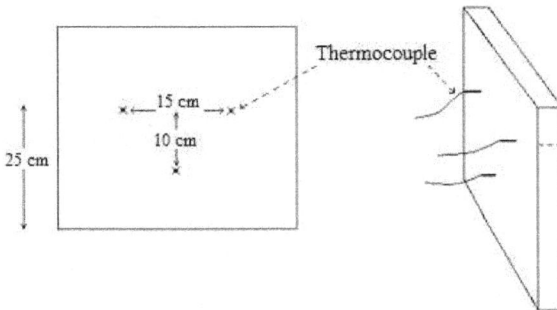

Fig.III-3 : Emplacement des thermocouples sur les plaques chauffées

2- Caractéristique de la source

La source génératrice du panache thermique est de forme rectangulaire de longueur l = 42 cm, de largeur d = 6 cm et d'épaisseur égale à 3 cm. La surface supérieure de la source est maintenue à une température uniforme.

Le chauffage et l'isolation électrique de la source sont réalisés par la superposition de plusieurs couches de matériaux disposés comme suit (Fig.III-4) :

- Deux feuilles de Samicanite de 0.3 mm d'épaisseur sont perforées à l'avance et à travers lesquelles sont enfilées deux spires chauffantes de faible épaisseur,
- trois autres feuilles de Samicanite permettent, d'une part, l'isolation électrique entre les spires chauffantes et les faces métalliques avant et arrière de la source et d'autre part, elles empêchent tout court-circuit entre les résistances enroulées.

Afin d'éviter la surchauffe de la partie centrale de la source nous avons augmenté l'écartement des spires dans la zone centrale.

L'ensemble est encastré contre la face arrière de la source.

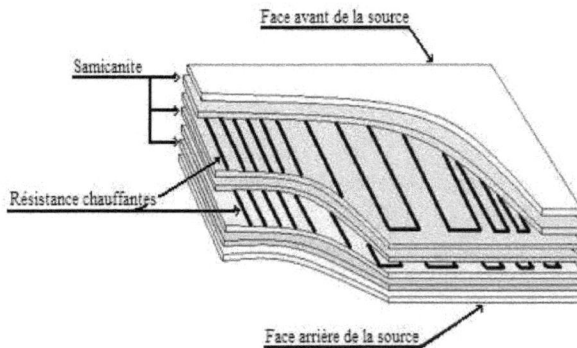

Fig.III-4 : Détails de la source du panache

Un thermocouple placé sur la face arrière de la source permet de contrôler la constance de sa température.

3- Système de déplacement de la sonde

L'exploration des champs moyens de vitesse et de température doit être faite dans tout le volume du canal ce qui nécessite un système de déplacement suivant deux directions :

- Direction horizontale : le système utilisé permet d'assurer un déplacement minimal de la sonde de 0.02mm ce qui confère une grande précision aux déplacements de la sonde et permet de s'approcher au maximum des parois verticales du canal,
- Direction verticale : le système utilisé permet d'assurer un déplacement minimal de la sonde de 1 mm ce qui constitue un pas suffisamment petit dans cette direction.

II- Sonde à fil chaud à courant constant

La technique de mesure avec une sonde à fil chaud permet d'obtenir, avec la même sonde, une mesure de la température (à fil froid) et de la vitesse de l'écoulement. Elle est particulièrement utilisée pour les fluctuations turbulentes dans un écoulement. [1, 2, 3, 4]

1- Principe de mesure

Une sonde à fil chaud est constituée d'un fil en platine ou en tungstène, d'environ 3mm de longueur et de 1 à 10μm de diamètre, tendu et soudé entre deux broches, coniques, coudées ou droites, solidaires d'un corps cylindrique entouré d'une gaine en acier (Fig.III-5). La partie sensible de la sonde a une longueur qui varie entre 0.4mm et 2.5mm.

Le principe de mesure de la sonde à fil chaud repose sur la variation de la résistance du fil parcouru par un courant constant.

La vitesse et la température de l'écoulement sont deux phénomènes susceptibles de faire varier les caractéristiques électriques du fil.

Fig.III-5 : Sonde à fil chaud

2- Préparation de la sonde

La sonde qu'on a réalisée est constituée d'un fil Wollaston de 7,5 μm de diamètre, constitué d'un fil en platine entouré d'une gaine d'argent. Ce fil est soudé à l'aide d'une pâte d'argent entre les deux broches de la sonde. Au cours de l'opération de soudure, il faut s'assurer que le fil est suffisamment tendu.

Avant de passer aux mesures, la sonde doit subir plusieurs traitements et par la suite doit être étalonnée.

Les étapes de ces traitements sont classées comme suit :

– La première étape consiste à dénuder le fil en platine en enlevant la gaine d'argent qui l'entoure à l'aide d'un jet d'acide nitrique dilué à 10%. Cette opération très délicate

39

nécessite une attention et un suivi continus à l'aide d'une loupe afin de s'assurer du décapage total du fil.

– La seconde étape consiste à dissoudre les traces d'acide nitrique résiduelles qui peuvent rester entre la gaine et le fil sensible ainsi que le nitrate d'argent déposé sur le fil. Pour cela, la sonde doit être lavée en la faisant séjourner un certain temps dans de l'eau distillée. Cette dernière opération peut être renouvelée si nécessaire.

– La troisième étape est le traitement thermique qui consiste à porter le fil en platine soudé, décapé et lavé, à une tension lui assurant un courant d'intensité légèrement supérieure à 40 mA le portant au rouge afin de s'assurer de la stabilité de la structure cristalline du fil en platine. Un courant plus important casserait le fil,

– La quatrième étape est le traitement mécanique qui assure la rigidité de la sonde. Pour cela, la sonde est placée, pendant quelques jours, dans un écoulement turbulent.

3- Etalonnage de la sonde

Pour être utilisée, la sonde doit être étalonnée. Cela consiste à établir la loi de variation liant la tension délivrée par la sonde à la valeur de la vitesse ou la température correspondante. L'étalonnage de la sonde de mesure est effectué pour un écoulement uniforme et laminaire d'air dans une soufflerie cylindrique en plexiglas, comportant un ensemble de cinq filtres afin d'assurer l'uniformité de l'écoulement. Le dispositif d'étalonnage, utilisé par BEN MAAD [4], est monté selon le schéma de la figure Fig.III-6.

La soufflerie est reliée à un compresseur sous une pression de 10 Bars. L'air produit par le compresseur est acheminé dans des conduites en acier galvanisé vers le laboratoire d'utilisation.

A partir de la vanne d'arrêt et à travers une vanne réglable, l'air détendu passe par un échangeur de chaleur à courants croisés qui permet de régler la température de l'air pénétrant dans la soufflerie.

Au niveau de la soufflerie sont connectés un ensemble d'appareils de mesure : un thermocouple Chromel-Alumel pour la mesure de la température de l'air au cours de l'étalonnage, un micro-manomètre pour la mesure de la pression et la sonde à fil chaud.

3-1- Description de la soufflerie d'étalonnage

La soufflerie est composée d'un cylindre vertical en Plexiglas de 90mm de diamètre et de 150 mm d'hauteur. A la sortie du cylindre est fixé un convergent cylindrique dont les caractéristiques techniques sont définies avec une grande précision. Nous avons choisi deux types de convergent pour cette soufflerie (Fig.III-7).

Le premier convergent, de diamètre 4.78 mm et de longueur 500 mm, est utilisé pour obtenir des vitesses comprises entre 6 cm/s et 20cm/s.

Le deuxième convergent, de diamètre 13 mm et de longueur 50 mm, permet d'avoir des vitesses situées entre 20 cm/s et 60 cm/s.

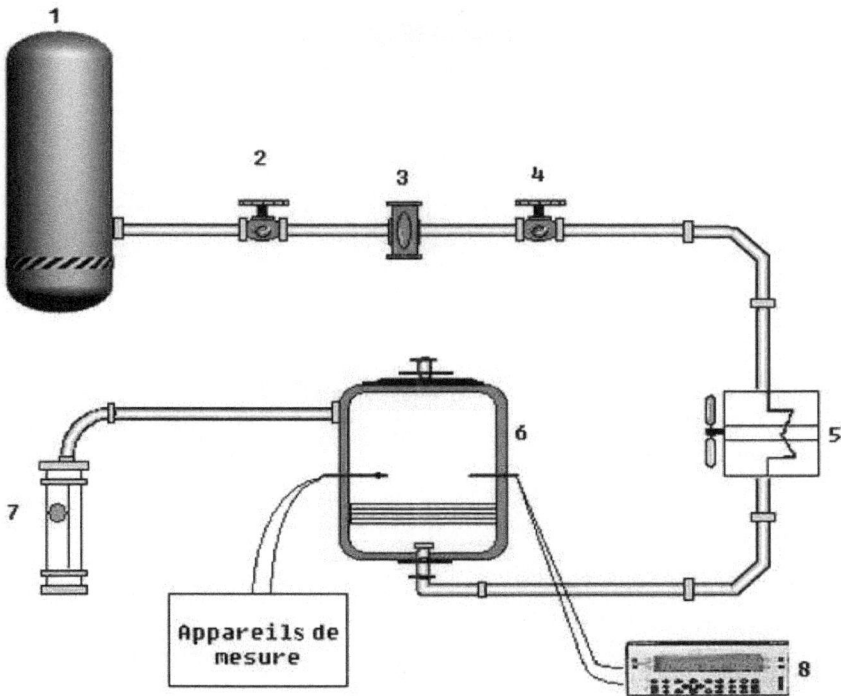

Fig.III-6 : Dispositif d'étalonnage de la sonde

Légende :

1 : Compresseur à air ;	5 : Echangeur-réchauffage d'air ;
2 : Vanne d'arrêt ;	6 : Soufflerie ;
3 : Humidificateur ;	7 : Manomètre ;
4 : Vanne de réglage de débit (micrométrique)	8 : Thermocouple ;

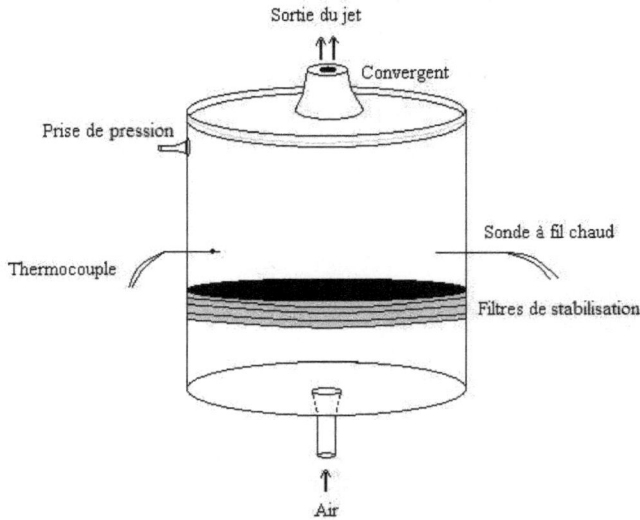

Fig.III-7 : Soufflerie d'étalonnage

Dans la chambre d'expérience, on considère un écoulement laminaire d'air qui s'écoule à une vitesse ascendante U_1. La vitesse U_2 à la sortie du convergent est donnée par le théorème de Bernoulli.

$$U_2 = \sqrt{\frac{2 \Delta p}{\rho_{air}}} \qquad \text{(III-01)}$$

Où Δp est la différence de pression entre l'intérieur de la soufflerie et la sortie du convergent au niveau de laquelle la pression est égale à la pression atmosphérique.

La différence de pression peut s'exprimer à l'aide de la hauteur manométrique ΔH d'eau mesurée :

$$\Delta p = \rho_{eau} \, g \, \Delta H \qquad \text{(III-02)}$$

où ρ est la masse volumique de l'air

Ainsi, la vitesse à la sortie du convergent s'écrit :

$$U_2 = \sqrt{\frac{2 \rho_{eau} \, \Delta H}{\rho_{air}}} \qquad \text{(III-03)}$$

Pour $U_2 < 90$m/s, le fluide est incompressible. De ce fait la conservation de débit, entre la section S_1 d'étude et la sortie du convergent de section S_2, se traduit par l'équation :

42

$$\rho_{1air} \, S_1 \, C_1 \, U_1 = \rho_{2air} \, S_2 \, C_2 \, U_2 \tag{III-04}$$

C_1 et C_2 sont les coefficients de contraction respectivement au niveau des sections S_1 et S_2.

L'air est considéré comme un gaz parfait ce qui permet d'écrire :

$$\rho_{air} = \frac{P}{rT} \tag{III-05}$$

où T est la température de l'air, P est sa pression et $r = \dfrac{R}{M}$ est la constante des gaz parfaits

relative à l'unité de masse.

M : masse molaire

A partir des équations (III-03), (III-04) et (III-05), la vitesse de l'écoulement, au niveau de la sonde à fil chaud, s'écrit :

$$U_1 = 4.04 \, \frac{T_1}{T_2} \, \frac{C_2}{C_1} \left(\frac{D_2}{D_1} \right)^2 \sqrt{\Delta H} \tag{III-06}$$

Avec :

T_1 : Température du fluide au niveau de la section S_1 ;

T_2 : Température du fluide au niveau de la section de sortie S_2 ;

$D_1 = 190$ mm : Diamètre de la section S_1

$$D_2 = \begin{cases} 4,78 \text{ mm pour le } 1^{er} \text{ convergent} \\ \\ 13 \text{ mm pour le } 2^{ème} \text{ convergent} \end{cases} : \text{Diamètre de la section } S_2$$

3-2- Mesure de la température

La technique de l'anémométrie à fil chaud à courant constant a été développée par DOAN-KIM-SON [1] en convection naturelle alors qu'elle était surtout utilisée en convection forcée. Ce dernier a montré qu'une alimentation de la sonde en courant constant d'intensité 1.2 mA, rend le fil sensible à la température du milieu et insensible à la vitesse de l'écoulement c'est-à-dire que la mesure se fait à fil froid puisqu'on est obligé de basculer l'intensité électrique de 38 mA (pour la mesure en vitesse) à 1.2mA.

La loi de variation de la résistance en fonction de la température peut s'écrire sous la forme d'un polynôme :

$$R = R_0 \left[1 + \alpha(T-T_0) + \beta(T-T_0)^2 \right] \tag{III-07}$$

43

Avec :

R : la résistance du fil à la température T ;

R_0 : la résistance du fil à la température de référence T_0 ;

$\alpha = 3.10^{-3} \, ^{\circ}C^{-1}$;

β de l'ordre de $10^{-6} \, C^{-2}$ pour le platine ou le tungstène.

En général, α et β sont des coefficients qui caractérisent le métal utilisé pour le fil sensible.

Selon AGATOR [3], la loi de variation de la résistance en fonction de la température peut être assimilée à une loi linéaire jusqu'à des températures de l'ordre de 400 °C.

Dans notre cas d'étude, la température maximale, mesurée dans l'écoulement, ne dépasse pas les 300°C, on peut, de ce fait, négliger le terme $\beta(T-T_0)^2$, ce qui permet d'écrire :

$$R = R_0 (1 + \alpha T) \tag{III-08}$$

Le courant qui parcourt le fil en platine est constant d'intensité I = 1.2 mA, ce qui nous permet de déterminer la loi de la tension aux bornes de la sonde qu'on peut écrire sous la forme :

$$E = E_0 (1 + \alpha T) \tag{III-09}$$

Avec : $E_0 = R_0 I$

Lors de l'étalonnage, on a pu déterminer les variables R_0 et α en traçant la courbe E = f (T) (Fig.III-8). A titre indicatif, nous trouvons : $R_0 = 10.98 \, \Omega$ et $\alpha = 3.84 \, 10^{-3} \, ^{\circ}C$ pour la sonde que nous avons fabriquée et étalonnée.

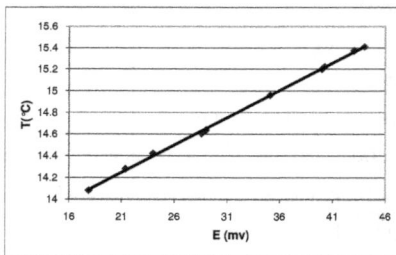

Fig.III-8 : Variation de la tension de la sonde en fonction de la température

3-3- Mesure de la vitesse

Un fil métallique fin chauffé par passage d'un courant électrique d'intensité I est plongé dans un écoulement à température plus faible. Le fil se refroidit par convection et ce refroidissement est fonction de la température et la vitesse de l'écoulement.

Contrairement à la température, la loi de variation de la résistance en fonction de la vitesse n'est pas linéaire.

De ce fait, une étude de la loi de refroidissement faite par DOAN-KIM-SON el al [1] a permis de déterminer une méthode de calcul pour les faibles vitesses (U<1m/s) en convection naturelle.

3-3-1 Etude théorique

Le fil en platine, parcouru par un courant de 38 mA, est introduit dans un écoulement d'air à une température T_0. A l'équilibre thermique, le flux de chaleur $Q = EI$ est dissipé par effet joule dans le fluide environnant. Le fil sera ainsi porté à une température supérieure à celle de l'écoulement d'air.

Trois processus interviennent dans la dissipation de cette chaleur :

- Une quantité d'énergie, la plus importante, est cédée du fil au fluide par convection (Q_{cv}),
- Une deuxième quantité est émise par rayonnement que l'on estime négligeable (en raison de la valeur faible de l'émissivité du platine),
- La troisième quantité due à la propagation de la chaleur le long du fil est cédée aux broches de la sonde par conduction Q_{cd}

Le flux convectif Q_{cv} est déterminé par soustraction de la quantité conductive Q_{cd} du flux total Q. C'est suite à un calcul itératif qu'on peut aboutir à ce terme.

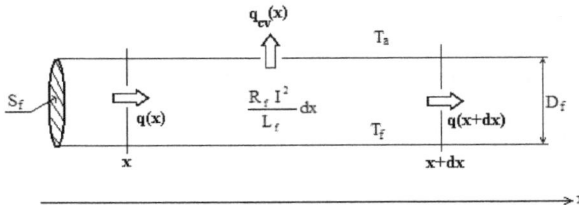

En admettant que la conductivité thermique λ est constante le long du fil en platine, l'équation du bilan énergétique pour un tronçon du fil comprise entre x et x+dx s'écrit :

45

$$q(x) + \frac{R_f\,I^2}{L_f}\,dx = q_{cv} + q(x+dx) \qquad\qquad\qquad \text{(III-10)}$$

avec :

$$q(x) = -\lambda S_f \left.\frac{dT_f}{dx}\right|_x$$

$$q(x+dx) = -\lambda S_f \left.\frac{dT_f}{dx}\right|_{x+dx}$$

$$q_{cv} = h\pi D_f\left(T_f - T_a\right)dx$$

Ainsi, l'équation (III-10) devient:

$$\frac{R_f I^2}{L_f}\,dx + \lambda S_f \left\{\left(\frac{dT_f}{dX}\right)_{x+dx} - \left(\frac{dT_f}{dX}\right)_x\right\} = h\,D_f\,\pi(T_f - T_a)dX \qquad\qquad \text{(III-11)}$$

Où :

h : le coefficient moyen de transfert par convection ;

R_f : la résistance électrique du fil ;

L_f : la longueur du fil en platine ;

S_f : l'air de la section droite du fil en paltine ;

D_f : le diamètre du fil en Platine ;

T_f : la température locale du fil ;

T_a : la température de l'air environnant le fil ;

En posant $\theta = (T_f - Ta)$, l'équation différentielle précédente devient :

$$\frac{d^2\theta}{dX^2} - \frac{hD_f\pi}{\lambda S_f}\theta + \frac{R_f I^2}{\lambda S_f} = 0 \qquad\qquad\qquad \text{(III-12)}$$

Les conditions aux limites sont :

Pour $X = \pm\dfrac{L_f}{2}$ (aux extrémités du fil) on a : $\theta = 0$ (T = Ta) \qquad\qquad \text{(III-13)}

D'où la solution de l'équation (III-12) :

$$\theta = \frac{R_0 I^2\,(1+\alpha T_f)}{h\pi D_f L_f - R_0\alpha I^2}\left[1 - \frac{Ch\left(\dfrac{A}{\sqrt{\lambda S_f L_f}}\,X\right)}{Ch\left(\dfrac{A}{\sqrt{\lambda S_f L_f}}\,\dfrac{L_f}{2}\right)}\right] \qquad\qquad \text{(III-14)}$$

avec : $A = \sqrt{h\pi D_f L_f - \alpha R_0 I^2}$

La première valeur de la quantité Q_{cd}, cédée aux deux broches est donnée par la loi de Fourier:

$$Q_{cd1} = -2\lambda S_f \frac{d\theta}{dx}\bigg|_{x=\pm\frac{L_f}{2}} \tag{III-15}$$

A partir de l'équation (III-14), on obtient :

$$Q_{cd1} = \frac{2\lambda S_f R_0 I^2 (1+\alpha T_a)}{A\sqrt{\lambda S_f L_f}} Th\left(\frac{A}{\lambda S_f L_f} \frac{L_f}{2}\right) \tag{III-16}$$

Ceci nous permet de calculer la valeur de Q_{cv} à partir de l'équation :

$$Q_{cv} = Q - Q_{cd} \tag{III-17}$$

3-3-2 Calcul itératif

La connaissance de l'intensité du courant qui parcourt le fil en platine et la tension délivrée par la sonde à fil chaud E_f nous permet de calculer la puissance Q délivrée par la sonde à fil chaud et par la suite déduire la première valeur estimée du nombre de Nusselt N_u, soit :

$$N_{u1} = \frac{Q}{\lambda_f \pi L_f (T_f - T_a)} \tag{III-18}$$

Le premier coefficient de transfert thermique par convection s'écrit alors :

$$h_1 = \frac{N_{u1}\lambda_f}{D_f} \tag{III-19}$$

A partir des équations (III-14) et (III-15), on calcule les valeurs de Q_{cd} et Q_{cv} et par la suite une première valeur corrigée du nombre de Nusselt est définie comme suit :

$$N_{uc} = \frac{Q_{cv}}{\lambda_f \pi L_f (T_f - T_a)} \tag{III-20}$$

A chaque itération, on doit comparer le nombre de Nusselt trouvé avec celui calculé à l'itération précédente. Le programme de calcul s'arrête lorsqu'on atteint la condition de convergence, à savoir :

$$N_u^{k+1} - N_u^k < \varepsilon$$

Où k indique le numéro de l'itération ;

Ce calcul étant fait pour chaque valeur de la vitesse mesurée lors de l'étalonnage de la sonde, on peut donc représenter la courbe de variation du nombre N_{uc} en fonction du nombre de Reynolds. Un ajustement des données nous permet d'obtenir la loi suivante :

$$N_{uc} = Nu_0 + A e^{\frac{-Re}{B}} \qquad\qquad\text{(III-21)}$$

A titre indicatif, les valeurs de Nu_0, A et B pour la sonde qu'on a utilisée sont les suivantes :

$Nu_0 = 0.46225 \qquad \pm0.05714$;

$A = -0.21322 \qquad \pm0.05599$;

$B = 0.27431 \qquad \pm\ 0.09147$;

Par la suite, on utilise le calcul itératif pour déterminer, à partir de la tension délivrée de la sonde, le nombre de Nusselt corrigé. Ensuite on détermine le nombre de Reynolds à partir de l'équation ((III-19). D'où l'on tire la valeur de la vitesse mesurée.

Ces étapes sont schématisées par l'organigramme suivant :

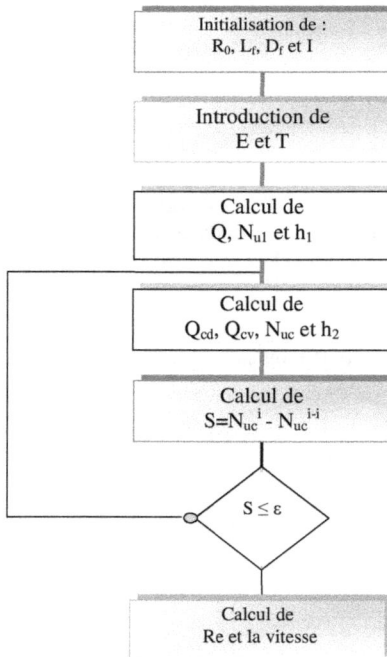

Initialisation de :
R_0, L_f, D_f et I

Introduction de
E et T

Calcul de
Q, N_{u1} et h_1

Calcul de
Q_{cd}, Q_{cv}, N_{uc} et h_2

Calcul de
$S = N_{uc}^{\ i} - N_{uc}^{\ i-i}$

$S \leq \varepsilon$

Calcul de
Re et la vitesse

4- Acquisition des données

Les mesures prélevées à l'aide de la sonde étalonnée sont ensuite acquises par un système de contrôle et d'acquisition du signal formé par :

- Une carte d'interfaces "FASTLAB" multifonctions, composée de :
    - Un module de conversion Analogique-Numérique 12 bits avec un temps de conversion de 12.5µm ;
    - Un module de conversion à deux voies Numérique-Analogique 12 bits ;
- Un ordinateur assurant le stockage des signaux acquis qui seront par la suite traités par le logiciel "SYNCHRONIE".

Les données récupérées sous forme numérisée, sont enregistrées dans un tableau de valeurs réelles.

A l'aide d'un afficheur en temps réel de la représentation graphique sous forme de courbe, on peut contrôler les signaux avant de passer au calcul fait par le logiciel "SYNCHRONIE".

Lors du traitement statistique des données stockées, il est utile de calculer les moyennes temporelles des diverses quantités fluctuantes en effectuant une moyenne arithmétique des 15000 relevés instantanés, du fait que les fréquences dominantes des fluctuations de température dans l'écoulement ne dépassent pas 5 Hz, c'est-à-dire une fréquence beaucoup plus faible que la fréquence d'acquisition des données (de l'ordre de 26 Hz).

Un programme de traitement statistique des données permet de calculer successivement les valeurs moyennes de température et de vitesse et les moments d'ordre multiple. Ces moments permettent une caractérisation de l'écoulement fluctuant par l'intermédiaire des intensités de turbulence de vitesse Id et de température Ith, des facteurs d'aplatissement thermique F_{at} et dynamique F_{ad} et des facteurs de dissymétrie thermique F_{dt} et dynamique F_{dd} de l'écoulement.

Les valeurs moyennes des différents signaux sont données par:

$$\overline{X} = \frac{1}{N} \sum_{i=1}^{N} Xi \text{ , avec N = 15000} \qquad \text{(III-22)}$$

Les différents moments d'ordre n sont donnés par :

$$M_n = \frac{1}{N} \sum_{i=1}^{N} (Xi - \overline{X})^n \qquad \text{(III-23)}$$

Où Xi est la valeur instantanée, $\overline{X}$ est la valeur moyenne et N le nombre d'échantillons relevés.

Les moments qui ont été utilisés au cours de ce travail sont d'ordre 2, 3 et 4. Le moment d'ordre 2, appelé écart-type (Γ_2), est donné par :

$$\Gamma_2 = \sqrt{M_2} \qquad\qquad\qquad\qquad\qquad\qquad\qquad\qquad (\text{III-24})$$

Les moments d'ordre 3 et 4 sont présentés sous leurs formes adimensionnelles et sont appelés respectivement facteurs de dissymétrie et d'aplatissement, notés Fd et Fa donnés par :

$$F_d = \frac{\dfrac{1}{N}\sum_{i=1}^{N}(Xi-\overline{X})^3}{[\dfrac{1}{N}\sum^{N}(Xi-\overline{X})^2]^{3/2}} \quad (\text{III-25}) \qquad \text{Et} \qquad F_a = \frac{\dfrac{1}{N}\sum_{i=1}^{N}(Xi-\overline{X})^4}{[\dfrac{1}{N}\sum^{N}(Xi-\overline{X})^2]^2} \quad (\text{III-26})$$

5- Dispositif de visualisation de l'écoulement

La visualisation est une technique d'illumination de l'écoulement par plan Laser. Grâce aux propriétés optiques du Laser, il est possible de réaliser une nappe de lumière extrêmement fine et intense qui est mise à profit pour une observation bidimensionnelle des écoulements.

Le système de visualisation que nous avons adopté au sein du laboratoire comprend (Fig.III-9) :

– Un Laser He-Ne 35mW,

– Un vibreur électrique (220v, 50Hz),

– Un miroir plan collé sur la plaque vibrante du vibreur électrique. Le miroir reçoit un faisceau laser horizontal et le réfléchit sur un plan vertical. Le déplacement de la plaque vibrante entraîne le pivotement du miroir autour d'un axe horizontal, créant ainsi un plan Laser sur une section transversale du canal vertical,

– Un diffuseur de fumée dont la forme et la hauteur permettent d'introduire la fumée à l'entrée du système sans perturber l'écoulement,

– Une caméra numérique qui permet de filmer l'écoulement à l'intérieur du canal vertical.

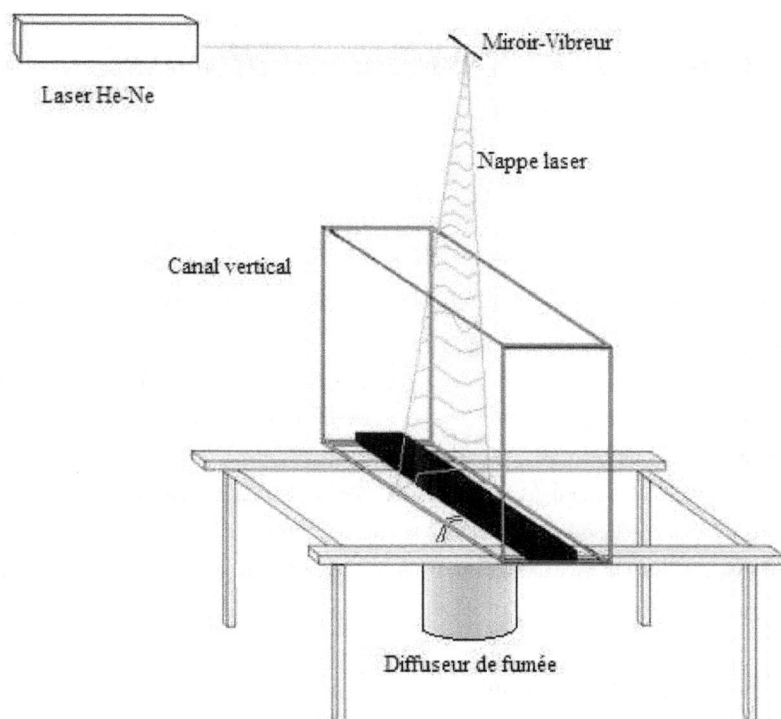

Laser He-Ne

Miroir-Vibreur

Nappe laser

Canal vertical

β

Diffuseur de fumée

Fig.III-9 : Dispositif de visualisation de l'écoulement

Chapitre 4 : Résultats et discussion

Ce travail a été effectué en trois étapes :

➤ Dans une première étape, nous avons effectué les expériences dans les conditions suivantes :

   – Les plaques verticales en Duralumin, distantes de b = 15 cm, ont été chauffées à une température constante et uniforme T_p = 56°C.

   – La source du panache a été chauffée à différentes températures entre 97 °C et 300 °C.

➤ Dans une deuxième étape, les expériences ont été menées avec des parois chauffées à 56 °C et une source non chauffée.

➤ Enfin, pour étudier l'effet du confinement de l'écoulement du panache, nous avons réalisé des expériences en chauffant uniquement la source à 300°C.

Dans ces conditions expérimentales, le nombre de Grashof modifié correspondant varie entre $3,215.10^6$ et $3,373.10^7$.

I-   Visualisation de l'écoulement

Afin de se faire une idée globale sur la structure de l'écoulement qui se développe à l'intérieur du canal ainsi que les zones importantes qui le caractérisent, nous avons commencé cette étude par une visualisation de celui-ci. Pour des raisons de qualité, on se contente, de ne présenter que les photos tirées d'un enregistrement vidéo correspondant au cas où la source du panache est chauffée à 300 °C et les parois du canal vertical sont chauffées à 56 °C.

Les photos 1 à 9 montrent le comportement de l'écoulement à l'intérieur du canal.

Sur la photo 1, nous constatons que l'air frais qui alimente l'écoulement, de part et d'autre de la source, se subdivise en 3 filets distincts :

   – Le premier filet et son symétrique par rapport au plan médian longitudinal, sont attirés vers la zone centrale lors de leur ascension formant ainsi une enveloppe au dessus de la source du panache. Cette enveloppe infranchissable sur les côtés, oblige l'air frais de pénétrer uniquement par le haut pour alimenter la source du panache.

– Le deuxième filet, proche de la parci chaude du canal, remonte le long de celle-ci pour alimenter la couche limite qui s'y développe.

– Le troisième filet, situé entre les deux précédents, sert de source d'approvisionnement au panache et à la couche limite.

Photo 1

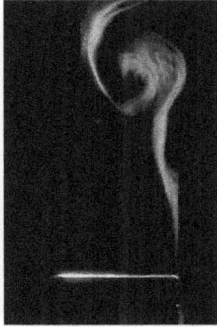

Photo 2

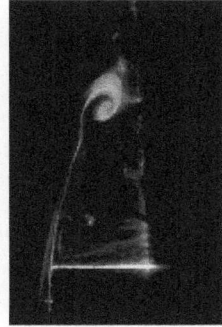

Photo 3

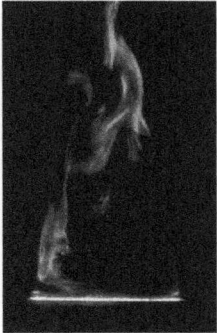

Photo 4

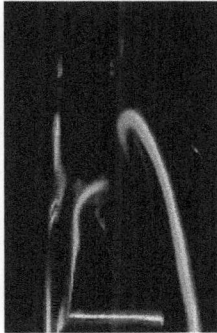

Photo 5

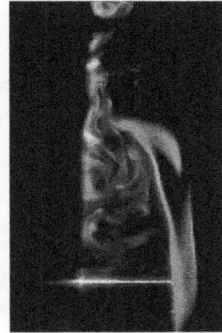

Photo 6

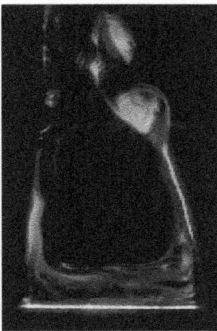

Photo 7

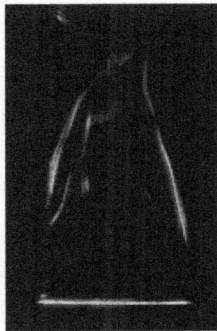

Photo 8

Photo 9

Les photos 2 et 3 montrent que le premier filet attiré vers le bas par la source, rencontre un écoulement d'air chaud ascendant, ce qui l'oblige à remonter pour donner naissance à un rouleau contrarotatif qui finit par s'échapper vers le haut en se divisant en rouleaux de taille plus faible. Il est à signaler qu'il y a une alternance entre la formation et l'échappement de tels rouleaux de part et d'autre du plan médian longitudinal (photo 4 et 5).

– Sur les photos 6 et 7, nous constatons que l'air frais descendant à l'intérieur de l'enveloppe du panache trouve des difficultés pour atteindre la surface chaude de la source en raison du cycle formation échappement des rouleaux, ce qui l'oblige à se faufiler à l'intérieur de cette enveloppe. En descendant, cet air frais rencontre une zone de faible circulation très proche de la source ce qui le contraint à suivre la surface de l'enveloppe et atteindre la surface de la source par ses bords. Ensuite, au contact de la surface de la source chaude, l'air s'échauffe rapidement et monte sous l'effet des forces de flottabilité.

Un peu plus haut, on constate que l'écoulement ascendant du panache subit une contraction transversale pour s'élargir par la suite et occuper toute la partie supérieure du canal (Photo 8 et 9).

Compte tenu de ces constatations, nous avons été amené à supposer l'existence de trois zones de structures différentes décrivant l'évolution verticale de l'écoulement. En conséquence, nous avons effectué nos mesures dans sept sections droites couvrant les trois zones. Les positions des différentes sections d'étude varient entre $Z^* = 0,05$ et $Z^* = 0,94$.

II- Interprétation des résultats

1- Etude du cas où la source est chauffée à une température de 300°C et les parois sont chauffées ($Gr^* = 2,698 .10^7$) :

1-1- Champs moyens thermique et dynamique

Sur les figures IV-2 et IV-3, est présentée l'évolution de la température moyenne ainsi que celle de la vitesse moyenne adimensionnelle pour différents niveaux Z^*.

Sur la figure IV-2a, juste au dessus de la source du panache ($Z^* = 0,1$), apparaissent deux pics de température de part et d'autre des bords de celle-ci qui correspondent à la formation de deux rouleaux contrarotatifs. Nous constatons également une légère baisse de température au niveau du plan médian due à la pénétration d'air frais. Les gradients thermiques transversaux sont assez importants dans toute la zone centrale. De part et d'autre de la source, les faibles valeurs de la température traduisent l'alimentation en air frais de l'écoulement. Au voisinage des parois chaudes du canal, une légère hausse de température est observée indiquant la formation de couches limites le long de celles-ci.

Parallèlement, sur la figure IV-3a, les profils dynamiques montrent une vitesse importante de part et d'autre de la source confirmant ainsi l'existence des filets d'alimentation signalés précédemment au cours de la visualisation de l'écoulement. Dans la zone centrale le minimum de vitesse observé indique l'existence d'un noyau fluide pratiquement immobile.

Dans la zone intermédiaire ($0,2 \leq Z^* \leq 0,5$) et sur la figure IV-2b, les profils de température présentent un seul maximum au niveau du plan médian avec des gradients thermiques moins intenses que précédemment. Partout ailleurs, l'allure générale des profils est conservée.

D'autre part, sur la figure IV-3b, au fur et mesure que l'en monte dans le canal, la vitesse au niveau du plan médian, augmente et devient aussi importante que celle des filets d'alimentation qui continuent leur ascension.

Dans la partie supérieure du canal ($Z^* > 0,5$), sur la figure IV-2c et IV-3c, les profils thermiques et dynamiques deviennent aplatis et auto-semblables, ce qui indique qu'on a atteint un écoulement turbulent établi. Nous constatons également la persistance des filets d'alimentation à ce niveau.

1-2- Champs fluctuants

1-2-1 Intensités de turbulence

Sur les figures IV-4 et IV-5, nous avons représenté l'évolution transversale des intensités de turbulence thermique et dynamique.

Sur les figures IV-4a et b et les figures IV-5a et b, les intensités de turbulence thermique et dynamique présentent, au dessus de la source, deux maximums séparés par un minimum sur le plan médian. Les maximums d'intensité thermique sont dus à la forte interaction entre le premier filet d'alimentation et l'échappement tourbillonnaire, tandis que les maximums de l'intensité dynamique correspondent à l'interaction entre le premier filet et le noyau central de faible circulation. Partout ailleurs, l'écoulement présente un taux de turbulence thermique faible de l'ordre de 2,5 %.

Dans la partie supérieure du canal ($Z^* > 0.5$), les figures IV-4c et IV-5c montrent des profils d'intensité de turbulence thermique et dynamique auto-semblables. L'intensité de turbulence thermique se stabilise à une valeur moyenne de 3% dans toute la section du canal.

Par contre, l'intensité de turbulence dynamique atteint dans la partie centrale du canal une valeur de l'ordre de 10 %.

1-2-2 Facteurs d'aplatissement et de dissymétrie

Pour caractériser l'écoulement fluctuant, l'étude des facteurs d'aplatissement Fa et de dissymétrie Fd est souhaitable. En effet, l'étude de ces facteurs permet une comparaison de la loi de densité de probabilité régissant la distribution des fluctuations de température et de vitesse dans l'écoulement avec la loi idéale de Gauss, pour laquelle on a Fa = 3 et Fd = 0.

Sur les figures IV-6, IV-7, nous avons représenté l'évolution des facteurs d'aplatissement et de dissymétrie thermique.

Pour la section $Z^* = 0,1$ et sur la figure IV- 6a, l'existence des pics pour le facteur d'aplatissement thermique Fat traduit le phénomène d'intermittence de frontière à la limite de la source chaude et près des parois.

Parallèlement, sur la figure IV- 6a, le facteur de dissymétrie thermique Fdt évolue au voisinage de la valeur zéro ce qui confirme la coexistence de l'air chaud et de l'air frais à ce niveau avec dominance de l'air frais correspondant à l'alimentation de la source par le haut.

Pour le niveau $Z^* = 0,2$ et sur la figure IV- 6b, le facteur d'aplatissement thermique évolue au voisinage de la valeur 3 juste au dessus de la source ce qui indique l'équiprobabilité d'existence de l'air chaud et de l'air frais. Partout ailleurs, les valeurs élevées de ce facteur traduisent l'intermittence de frontière de part et d'autre des bords de la source. Ce comportement persiste jusqu'à un niveau plus élevé ($Z^* < 0,5$) avec un élargissement transversal de la zone dominée par l'air chaud. D'autre part, sur la figure IV- 7b nous constatons la dominance de l'air frais près des parois chaudes et dans la zone centrale. Pour les niveaux proches de la sortie, l'écoulement suit les lois idéales de Gauss (figures IV- 6c et IV- 7c) et ceci dans la majeure partie de la section droite, indiquant ainsi l'extension latérale du panache vers les parois. Toutefois, près des parois, le facteur de dissymétrie reste toujours négatif, ce qui indique qu'on a encore de l'air frais qui remonte jusqu'à cette zone contrairement à d'autres travaux [18, 2].

2- Etude du cas où la source est chauffée à une température de 134°C et les parois sont chauffées ($Gr^* = 1,294 .10^7$)

2-1- Champs moyens thermique et dynamique

Sur la figure IV-10a et pour les zones à proximité immédiate de la source ($Z^* \leq 0,2$), la température moyenne présente ses valeurs maximales dans la zone centrale du canal. Nous notons un étalement des profils thermiques moyens dans cette zone par rapport au cas précédant ($Gr^* = 2,698 .10^7$).

Pour les niveaux supérieurs (figure IV-10b), la zone centrale se rétrécit d'avantage, ce qui marque la contraction transversale de l'écoulement.

Pour toute la partie supérieure du canal ($Z^* > 0,5$) et sur la figure IV-10c, les profils thermiques s'aplatissent indiquant une homogénéisation totale de la température dans toute la section droite. Toutefois, près des parois chauffées, des températures élevées indiquent le développement de couches limites thermiques.

Par ailleurs et sur la figure IV-11 est présentée l'évolution de la composante verticale moyenne de la vitesse pour les différentes sections d'étude. Pour les sections avoisinant la source du panache ($Z^* \leq 0,1$) et sur la figure IV-11a, la zone centrale de faible circulation devient plus large entraînant ainsi l'élargissement de l'enveloppe formée par les filets d'alimentation du panache. Ceci explique bien l'élargissement des profils thermiques dans cette zone signalé précédemment.

Pour les niveaux supérieurs (figures IV-11b et IV-11c), le noyau central correspondant au fluide immobile tend à disparaître pour donner lieu à des profils autosemblables indiquant l'établissement de la turbulence.

2-2- Champs fluctuants

2-2-1 Intensités de turbulence

Sur les figures IV-12 et IV-13, sont représentées les évolutions des profils transversaux des intensités de turbulence thermique Ith et dynamiques Itd.

Nous notons que ces profils ont un comportement analogue à celui observé dans le cas précédant (1-2-1). Toutefois, pour $Z^* < 0,5$ nous signalons l'élargissement de la bande centrale de l'écoulement.

2-2-2 Facteurs d'aplatissement et de dissymétrie

Sur les figures IV-14, IV-15, IV-16 et IV17, sont représentés les facteurs d'aplatissement et de dissymétrie thermique et dynamique.

Pour les niveaux proches de la source ($Z^* \leq 0,1$) et sur les figures IV-14a et IV-15a est présentée l'évolution des facteurs d'aplatissement Fat et de dissymétrie Fdt thermiques.
Partout, le facteur d'aplatissement thermique est supérieur à la valeur 3 tandis que le facteur de dissymétrie thermique est négatif dans la majeure partie de la section droite ce qui traduit

une dominance de l'air frais. Toutefois, nous notons l'existence de deux pics correspondant aux maximums du facteur Fdt signalant la dominance de l'écoulement du panache.

Ce comportement perd d'importance dans les sections intermédiaires (figure IV-15b et IV-14b) pour disparaître dans les sections supérieures (figure IV-15c et IV-14c) ; on assiste alors à la dominance de l'air frais dans toute la section droite indiquant l'évanouissement de l'effet du panache.

Sur les figures IV-16 et IV-17 sont présentés les facteurs d'aplatissement Fad et de dissymétrie Fdd dynamiques. Nous constatons le même comportement que le cas précédant (Gr* = 2,698 .10^7) sauf que dans la partie supérieure du canal, nous observons la dominance d'un écoulement à vitesse relativement importante.

3- Etude du cas où la source est chauffée à une température de 97°C et les parois sont chauffées (Gr* = 9,766 .10^6) :

3-1 Champs moyens thermique et dynamique

Sur les figures IV-18 et IV-19, est présentée les évolutions de la température moyenne et la vitesse moyenne adimensionnelles pour différents niveaux Z*.

Sur la figure IV-18 et 19, le même comportement que celui du cas précédent (Gr* = 1,294 .10^7) est observé. Toutefois, dans la partie supérieure du canal et sur la figure IV-19c, nous constatons que l'écoulement de couches limites le long des parois chaudes est dominant.

3-2 Champs fluctuants

Nous constatons, dans ce cas, que le thermosiphon qui enveloppe le panache domine la majeure partie de l'écoulement. En effet, nous constatons que les facteurs de dissymétrie thermiques deviennent pratiquement négatifs partout sauf dans une partie réduite située de part et d'autre du plan médian où le panache domine (figures IV-23). A la limite de cette zone, nous notons deux pics d'intensité de turbulence thermique indiquant la forte interaction entre le panache et l'air frais qui alimente la partie centrale (figures IV-20). D'autre part, nous remarquons que le panache ne peut plus s'étendre librement comme dans les cas précédents, l'effet du thermosiphon le contraint à se confiner dans la partie centrale (figures IV-21 et 25).

4- Champs moyens thermique et dynamique Cas où seules les parois sont chauffées (Gr* = 3,215.10^6) :

Sur la figure IV-26 et IV-27, est présentée l'évolution de la température moyenne adimensionnelle ainsi que celle de la vitesse moyenne adimensionnelle pour différents niveaux Z*.

Sur la figure IV-26, les profils thermiques obtenus correspondent bien à ceux relatifs à un écoulement de thermosiphon, caractérisé par deux couches limites qui se développent sur les parois chauffées du canal et une répartition uniforme ailleurs, avec la différence qu'au dessus de la source (Z* ≤ 0,1), on assiste à une légère élévation de la température dans la zone centrale due au fait que la source s'est échauffée par rayonnement des plaques chaudes (figure IV-26a).

Sur la figure IV-27a et de part et d'autre de la source, les vitesses sont relativement importantes en raison de l'effet de thermosiphon et la contraction de la section d'alimentation par la présence de la source. D'autre part, on remarque que la zone centrale est toujours le siège d'un noyau fluide à faible vitesse.

Dans les sections supérieures, ce comportement a tendance à disparaître en vue de l'établissement d'un écoulement de thermosiphon caractérisé par des vitesses élevées près des parois verticales du canal et une zone centrale où l'écoulement est quasiment uniforme. Des gradients transversaux de vitesse importante sont observés de part et d'autre de cette zone.

5-   Cas où seule la source est chauffée à 300°C (Gr* = 3,373.10^7) :

5-1 Champs moyens thermique et dynamique

Sur les figures IV-28 et IV-29, sont données les répartitions de la température moyenne et de la vitesse moyenne adimensionnelles pour différents niveaux Z*.

Sur la figure IV-28a (Z* ≤ 0,5), nous remarquons que l'air s'échauffe et atteint des températures importantes seulement dans la zone située aux dessus de la source. De part et d'autre et à proximité de cette dernière, on note des gradients transversaux très importants comparables au cas où les parois du canal étaient chauffées. L'air frais domine toute la zone d'alimentation du panache sauf près des parois verticales du canal où on enregistre une légère hausse de température en raison de l'échauffement de ces dernières par rayonnement thermique de la source.

Dans les sections intermédiaires ($Z^* > 0,5$) et sur la figure IV-28b, dans la zone centrale les profils de température diminuent en amplitude. Dans les zones supérieures ($Z^* \geq 0,75$), (figure IV-28c) les profils thermiques deviennent auto-semblables accusant une surélévation de température dans la zone centrale du canal.

Sur la figure IV-29a et dans la section droite proche de la source ($Z^* = 0,1$), le profil dynamique est semblable à celui obtenu dans le cas où les parois sont chauffées. Pour $Z^* > 0,1$, les profils dynamiques montrent que l'écoulement subit une contraction dans les zones intermédiaires puis s'auto-préservent en rejoignant les résultats des travaux antérieurs [6, 18].

5-2 Champs fluctuants

5-2-1 Intensités de turbulence

Les répartitions de l'intensité de turbulence thermique (Ith) et dynamique (Itd) sont données sur les figures IV-30 et IV-31.

Au dessus de la source ($Z^* = 0,1$) et sur la figure IV-30a, la zone centrale est caractérisée par une intensité de turbulence thermique relativement élevée comme on l'a constaté dans le cas où les parois étaient chauffées.

Dans la zone centrale, les profils d'intensité de turbulence dynamique (figure IV-31) présente des valeurs maximales autour du plan médian comparables à ceux obtenus dans des travaux antérieurs [6, 18]

Dans les sections supérieures, les profils d'intensité de turbulence dynamique s'auto-préservent et se stabilisent dans la zone centrale autour de 15 %.

5-2-2 Facteurs d'aplatissement et de dissymétrie

Pour les facteurs d'aplatissement et de dissymétrie thermiques et dynamiques (figures IV-32, IV-33, IV-34 et IV-35), on obtient des profils semblables à ceux où les parois sont chauffées.

Ainsi, dans les sections supérieures ($Z \geq 0,75$), les profils deviennent également auto semblables et restent comparables à ceux relatifs aux travaux antérieurs.

III- Etude comparative : évolution des champs moyens, du débit volumique et de l'énergie

Sur les figures IV-36 et 37, nous avons représenté les profils de la température moyenne et de la vitesse moyenne adimensionnelles en fonction du nombre de Grashof modifié Gr* pour les différentes sections d'étude. Ces profils montrent que la vitesse et la température augmentent considérablement au fur et à mesure que le nombre de Grashof Gr* augmente.

Lorsque la hauteur Z* augmente, la figure IV-36 montre un élargissement des profils thermique dans la zone du panache avec une diminution importante des gradients transversaux. Pour les sections supérieures, nous constatons que le panache occupe de plus en plus la section droite lorsque le nombre de Grashof Gr* augmente.

D'autre part et dans les sections à proximité de la source, nous constatons un rétrécissement du noyau central à faible circulation et un élargissement de la zone d'alimentation en air frais du système (figure IV-37a). Dans les sections supérieures, le noyau central disparaît pour donner lieu à un écoulement à vitesse importante au voisinage du plan médian.

Par ailleurs, sur la figure IV-38, nous avons représenté l'évolution du débit volumique adimensionnel de l'écoulement le long du canal pour les différents nombres de Grashof étudiés. Ces courbes montrent une augmentation importante du débit lorsque le nombre de Grashof Gr* augmente.

Parallèlement, la figure IV-39 montre l'évolution verticale du flux énergétique adimensionnel pour les différents nombres de Grashof Gr*. Nous constatons une intensification de l'énergie transportée par le fluide au cours de son ascension au fur et à mesure que le nombre de Grashof Gr* augmente.

Conclusion

L'étude proposée, dans ce mémoire, nous a permis de mettre en évidence l'influence des températures de la source du panache et des parois du canal phénomènes qui accompagnent l'interaction de l'écoulement d'un panache et d'un thermosiphon. Le panache est généré par une source rectangulaire placée à l'entrée d'un canal parallélépipédique à parois chauffées.

Pour avoir une idée globale sur le développement de l'écoulement dans le canal, nous avons procédé à sa visualisation par plan laser. Les enregistrements vidéo obtenus montrent que l'écoulement évolue en trois zones bien distinctes :

– Une première zone au dessus de la source, enveloppée par les premiers filets d'alimentation ce qui oblige la source du panache de s'alimenter uniquement par le haut.

– Une deuxième zone où on assiste à une alternance entre l'échappement des tourbillons qui se forment dans la première zone et l'admission de l'air frais dans celle-ci.

– Une troisième zone où la turbulence est établie.

Afin de mettre en évidence l'influence de la température de la source sur l'écoulement résultant, nous avons mené une étude détaillée pour des températures allant de 97°C à 300°C.

L'étude des champs moyens thermique et dynamique nous a permis de confirmer l'existence des trois zones de l'écoulement et de montrer l'effet de l'augmentation de la température de la source. L'effet de cette augmentation se traduit par une amélioration du débit volumique et une intensification du transfert thermique dans le canal.

L'étude des facteurs d'aplatissement et de dissymétrie thermiques et dynamiques de l'écoulement montre que la loi régissant les fluctuations se rapproche de la loi idéale de Gauss dans les régions turbulentes et s'en éloigne progressivement dans les régions où l'amplitude de fluctuation diminue.

L'ensemble des résultats obtenu dans cette étude apporte une contribution modeste pour la compréhension du confinement d'un panache thermique à l'intérieur d'un canal vertical chauffé. Afin d'améliorer le transfert de chaleur dans le canal, il serait intéressant de remplacer l'air entre les deux plaques par un milieu semi-transparent. Pour mieux caractériser la structure fine de l'écoulement, une attention particulière devra être accordée à l'analyse spectrale des fluctuations de vitesse et de température.

Références Bibliographiques

[1] : DOAN KIM SON, « Contribution à l'étude de la zone de transition et de la zone de turbulence établie dans un écoulement de convection naturelle sur une plaque verticale isotherme », Thèse de Doctorat d'Etat, Université de Poitiers (1977)

[2] : DOAN KIM SON, M.STAGE et J.COUTANCEAU, « Transfert de chaleur entre un fil anémométrique court et un écoulement permanent à faible vitesse », Revue Générale de Thermique, N°168(1975).

[3]: A.LAPICA et G.RODONO, « An experimental investigation on natural convection of air in vertical channel », Int. J. Heat and Mass Transfer, Vol 36, N°3, p 601-616 (1983).

[4]: A.WIRTZ et STUTZMAN, « Experiments on free convection between vertical plates with symmetric heating », Journal of Heat Transfer, Vol 104, p 501-507 (1982).

[5]: A.A.TOWNSEND, Cambridge University Press, NEW YORK (1956).

[6] : A.O.M.MAHMOUD, « Etude de l'interaction d'un panache thermique à symétrie axiale

[7] : B.GUILLOU, «Etude numérique et expérimentale de la structure turbulente d'un panache thermique pur à symétrie axiale», Thèse de Doctorat, Université de Poitiers, (1984).

[8] : MORTON, B.R., TURNER, J.S. et TAYLOR, G.I., Turbulent gravitational convection from maintained and instantaneous sources, Proc. R. Soc. 234 A, 1956, pp. 1-23.

[9]: BATCHLOR, G.K., « Heat convection and buoyancy effects in fluids », Q. Jl. R. Met. SOC. 80, 1954, pp. 339-358.

[10]: H.A.BECKER. H.C.HOTTEL and G.C.WILLIAMS, «The nozzle-fluid concentration

[11] : BODIA et OSTERLE, « The developpement of free convection between heatec vertical plates », Journal of heat transfer, Vol 84, p 40-44 (1962).

[12] : D.D.EVANS, « Calculating fire plume characteristics in a tow layer environment », National office of standards-department of commerce WASHINGTON D.C (1983).

[13] : E.E.ZUKOSKI, TOSHIKUBOTA et BAKI CETEGEN. « Entrainment in fire plume», Fire Safety Journal, vol 3, p 107-121 (1981).

[14] : ELENBASS, « Heat dissipation of parallel plates by free convection », physica, Holland, Vol 9, N°01, p 1-28(1942).

[15] : F.TAMMANI, «An improved version of the k-ε-g model of turbulence and its

application to axis metric forced and buoyancy jets », F.M.R.C. Technical report,

MASSACHUSETTS (1977).

[16] : W.K.GEORGE, R.L.ALBERT et F.TAMANINI, « Turbulent measurements in an ax symmetric buoyant plume », Int. J. Heat and Mass Transfer, N⁰ 20, p 1145- 1154(1977).

[17] : G.HUGOT, « Etude de la convection naturelle entre deux plaques planes, verticales, parallèles et isothermes », Entropie N°46, p 55-66 (1972).

[18] : J.ZINOUBI, « Etude de l'interaction d'un écoulement de thermosiphon avec un panache thermique à symétrie axiales : Influences des paramètres de formes », Thèse de Doctorat, Université de Tunis II- Faculté des sciences de Tunis (2003).

[19] : J-M. AGATOR, « Contribution à l'étude de la structure turbulente d'un panache thermique à symétrie axiale- Interaction du panache avec son environnement limité », Thèse de Doctorat, Université de Poitiers (1983).

[20]: B.GUILLOU, M.BRAHIMI et D-K.SON, « Expérimental and numerical prédictions of the mean flow of a turbulent pure plume », Arch. Mech. Warsawa, N°38, p 519-528 (1986).

[21] : K.T.YANG et V.W. NEE, 4ième Conférence internationale sur le transfert de chaleur, VERSAILLES-PARIS (1969).

[22] : L.S.YAO, « Free and forced convection in the entry region of a heated vertical channel », Int. J. Heat Mass Transfer, Vol 26, N°1, p 65-72 (1982).

[23] : M.BRAHIMI, «Structure turbulente des panaches thermiques : interaction », Thèse de Doctorat, Université de Poitiers (1987).

[24] L.Dehmani, Influence d'une stratification de masse volumique sur la structure turbulent d'un panache à symétrie axiale, Thèse de Docteur, Université de Poitiers, p: 59-66, (1990).

[25] : A.DALBERT et F.PENOT, « Convection naturelle laminaire dans un canal vertical chauffé à flux constant », Int. J. Heat Mass Transfer, Vol 24, p 1463-1473 (1981).

[26] : N.E.KOTSOVINOS, « A Study of the interaction of turbulence and buoyancy in a plane vertical buoyant jet », Proc. Int. Sem. Turb. Buoy. Conv, Dubrovnik, YOUGOSLAVIE, p 15-26 (1976).

[27] : H.NAKAGOME et M.HIRATA, « The structure of turbulent diffusion in an axisymetric thermal plume », Proc.Int.Sem.Tur.Buoy.Conv., Dubrovnik, YOUGOSLAVIE, p 361-372 (1976).

[28]: OLUSOJI OFI et H.J.HETHERINGTON, « Application of finite element method to natural convection heat transfer from thé open vertical channel » Int. Journal of Heat Transfer, Vol 20, p 1195-1204 (1977).

[29] : OSAMU et TETSU FUJII, « Free convective heat transfer between vertical parallel plates- one plate isothermally heated and other thermally insulated » Kagaka Kogaku, 36, p 405-412 (1972).

[30] : R.BEN MAAD, « Etude d'un écoulement de convection naturelle dans un canal vertical chauffé », Thèse de Doctorat d'Etat, Université de Tunis II- Faculté des sciences de Tunis (1995).

[31] : RAMAKRISHNA, « Laminar natural convection a long vertical square ducts », Numerical Heat Transfer, Vol 5, p 59-79 (1982).

[32] : F.P.RICOU and D.B. SPLANDING, « Mechanics of entrainment by axisymmetrical turbulent jets », J. Fluids Mechanics, Vol 11, p 21-23 (1961).

[33] : H.ROUSSE, C.S.YIH and H.W.HAMPHAREYS, « Gravitational convection from a boundary source », Tell us 4, p 201-210 (1952).

[34] : S.CORRSIN et A.KISTLER, NACA technique, Note N° 3133 (1958).

[35] : W. SCHMIDT, « Turbulent propagation of a Stream of air », Math. Mech, pp : 265-351, (1941).

[36] : J.P.SCHON, J.MATHIE and D.JEANDEL, « Théories of jets », 10^{ièmes} journées internationales de l'I.F.C.E. (1975).

[37] : T.AIHARA, « Effects of inlet boundary-condition on numerical solutions of free convection between vertical parallel plates », Rep. Inst. High Speed Mechanic, Vol 28, N°258, p 1-27 (1973).

[38] : G.I.TAYLOR, « Dynamic of a mass of hot gas rising in air », U.S. Atomic Energy Commission MDDc-919 LADC-276,1945.

[39] : W.AUNG, « developing laminar free convection between vertical plates with asymmetric heating », Int J. Heat and Mass Transfer, Vol 15 p 2293-2308 (1972).

[40] : A.GAMOUDI, « Etude Développement d'un panache thermique à l'intérieur d'un canal vertical », Mémoire Master, Université de Tunis II- Faculté des sciences de Tunis (2003).

[41] : I.WINGNANSKI et M.FIELDER, « Some measurement in the self-preserving jet », J.Fluid Mechanics. Vol 38, p 577-612 (1969).

field of the round turbulent free jet », J.Fluid Mechanics, Vol 30, p 285-303 (1966).

[42] : Y. B ZEETXWICH, « Eimiting laws of turbulent flows in free convection », Zh. Eksp. Theoret. FlZ7-1463 (1937).

[43] A.O.M.MAHMOUD, R, BEN.MAAD, A.BEIGHITH, Etude expérimentale de l'effet de thermosiphon sur un panache thermique à symétrie axiale. 8ième Journée Internationale de Thermique, Vol 1, Marseille-France, p 231-242, (1997).

[44] A.O.M.MAHMOUD, R, BEN.MAAD, A.BEIGHITH, Interaction d'un écoulement de thermosiphon avec un panache thermique à symétrie axiale : étude expérimentale, Rev.Gén.THERM.N0 5, Vol 37, p 385-39, (1998).

[45] A.O.M.MAHMOUD, R, BEN.MAAD, A.BEIGHITH, Production of hot air with quasi uniform température using concentrated solar radiation, Renewable Energy, Vol.13, N0 4,p: 481-493, (1998).

[46] J. ZINOUBI, R. MAAD, A.BEIGHITH, Influence of the vertical source-cylinder spacing on the interaction of a thermal plume with a thermosiphon flow: an expérimental study, Experimental Thermal and Fluid Science, p 329-336, 28 (2004).

[47] A.O.M.MAHMOUD, ZINOUBI, R. MAAD, A.BEIGHITH, Amélioration de la dispersion verticale de polluants issus de cheminées par effet de thermosiphon, volume 28 p 329-336, (2004).

[48] J. ZINOUBI, REJEB BEN MAAD AND ALI BELGHITH, Experimental study of the resulting flow of plume–thermosiphon interaction: application to chimney problems, Thermal Engineering, Volume 25, Pages 533-544 , (2005).

Figures

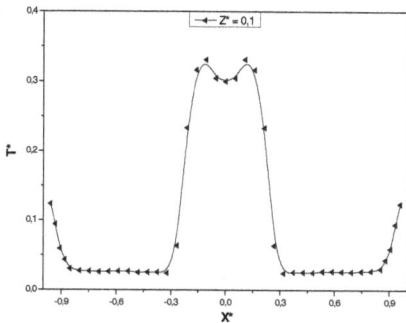

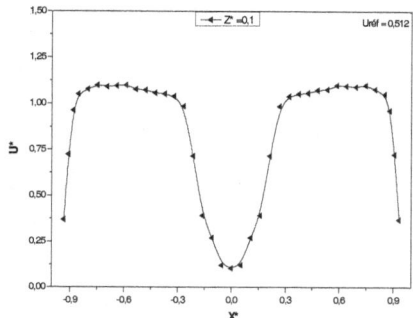

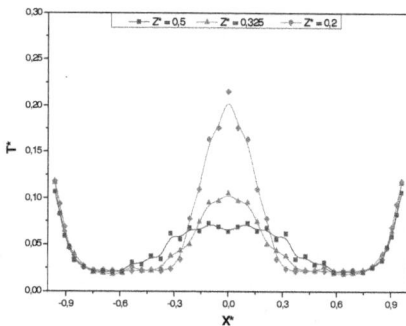

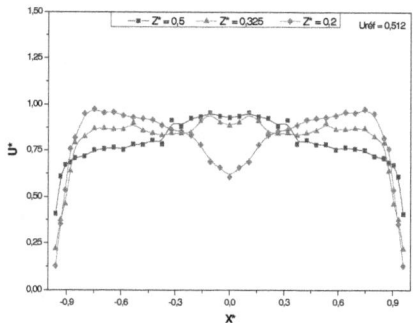

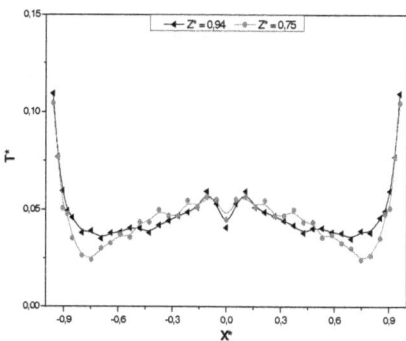

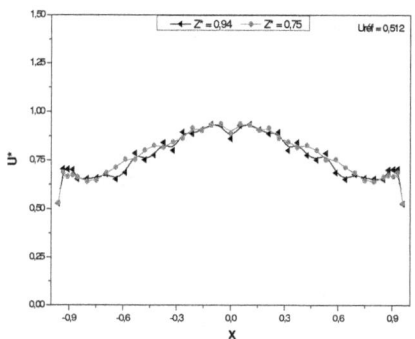

Figure IV-2 : Evolution de la température
moyenne adimensionnelle

Figure IV-3 : Evolution de la vitesse moyenne
adimensionnelle

67

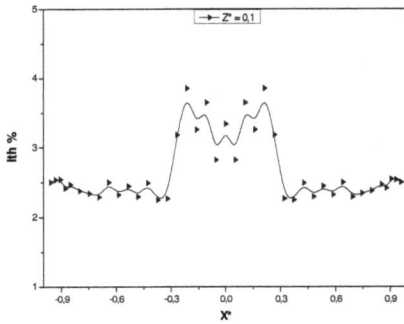

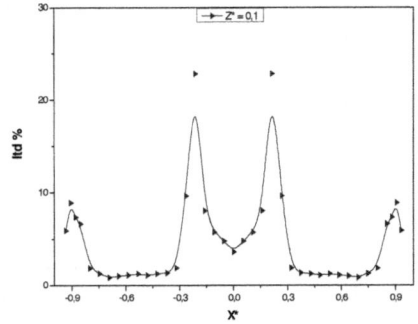

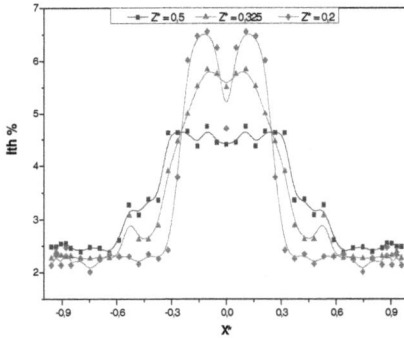

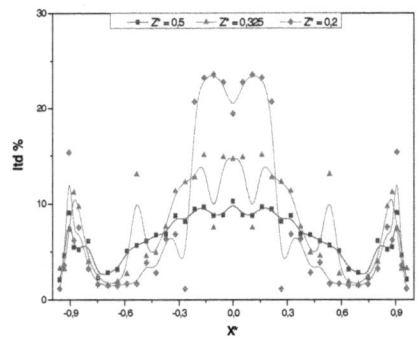

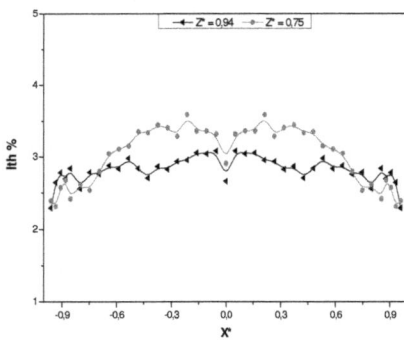

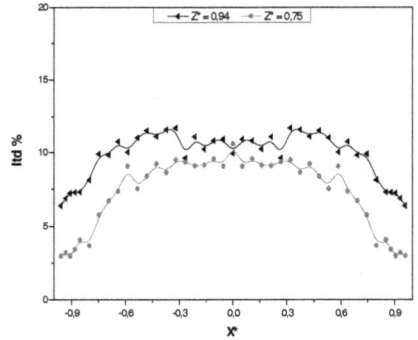

Figure IV-4 : Répartition de l'intensité de turbulence thermique

Figure IV-5 : Répartition de l'intensité de turbulence dynamique

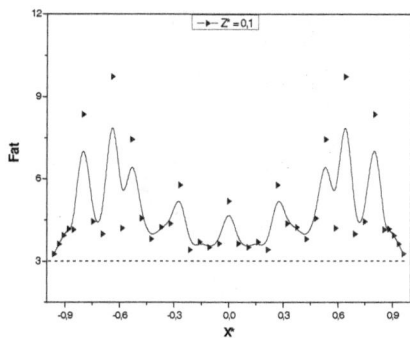

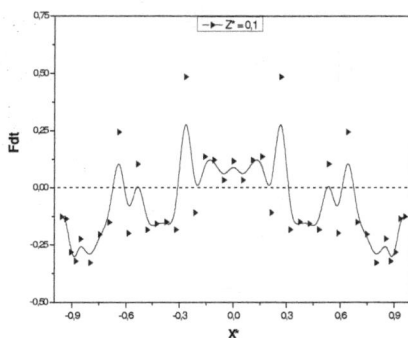

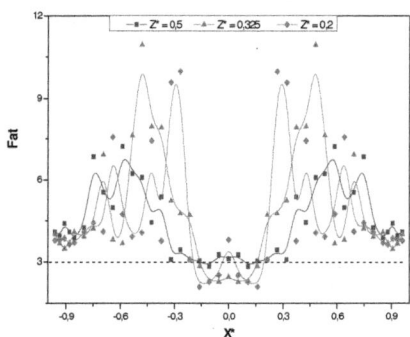

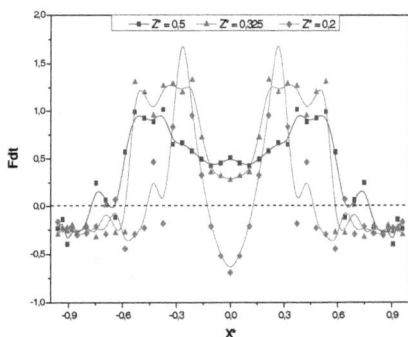

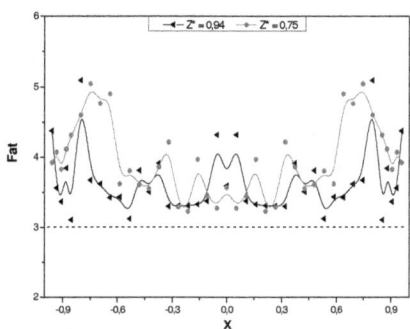

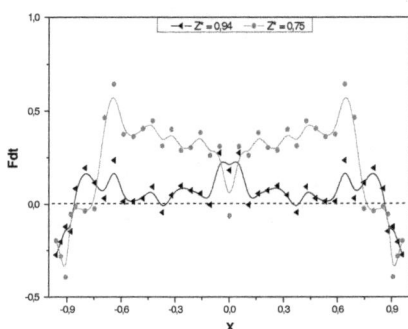

Figure IV-6 : Variation du facteur
d'aplatissement thermique

Figure IV-7 : Variation du facteur de
dissymétrie thermique

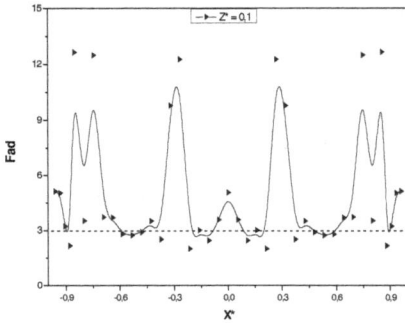

Figure IV-8a

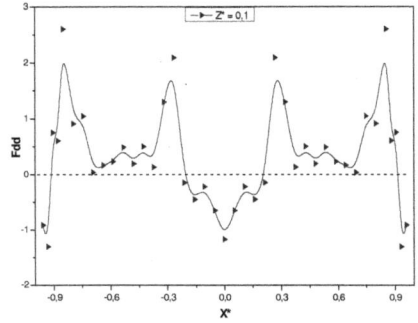

Figure IV-9a

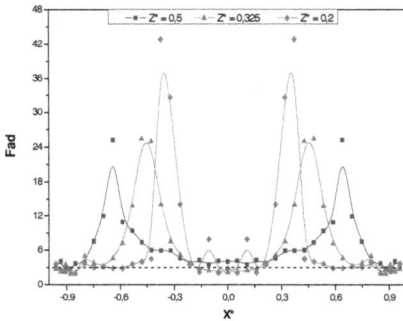

Figure IV-8b

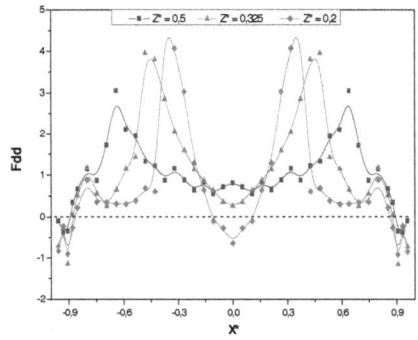

Figure IV-9b

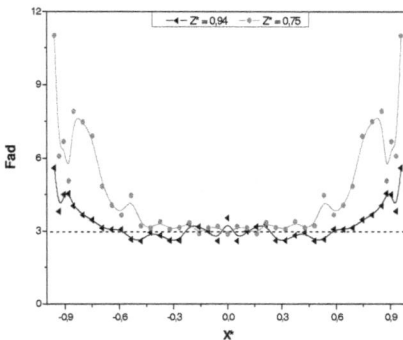

Figure IV-8c

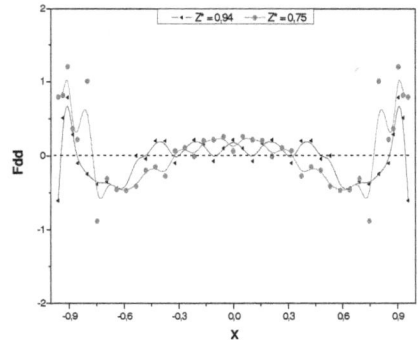

Figure IV-9c

Figure IV-8 : Variation du facteur
d'aplatissement dynamique

Figure IV-9 : Variation du facteur de
dissymétrie dynamique

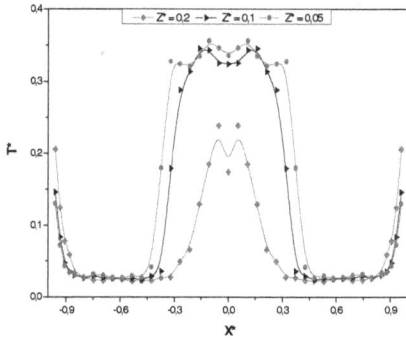

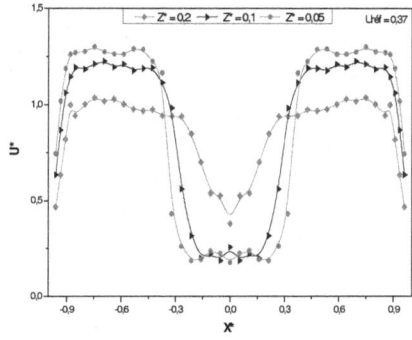

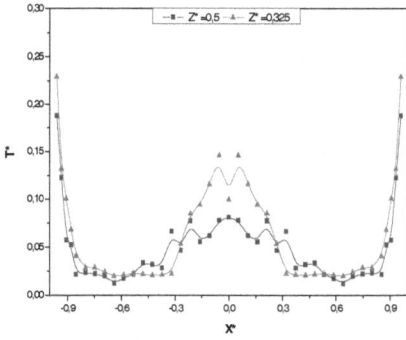

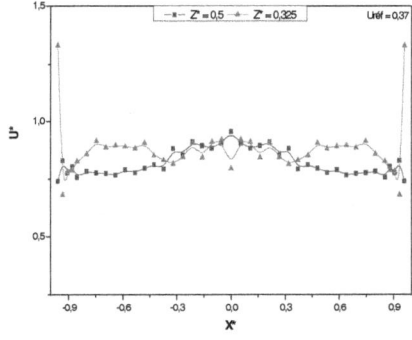

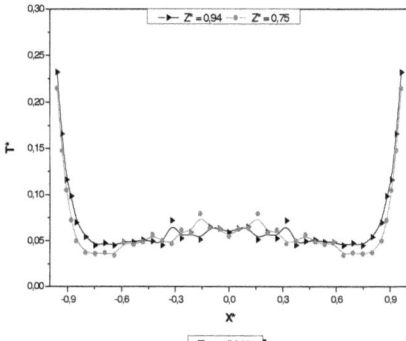

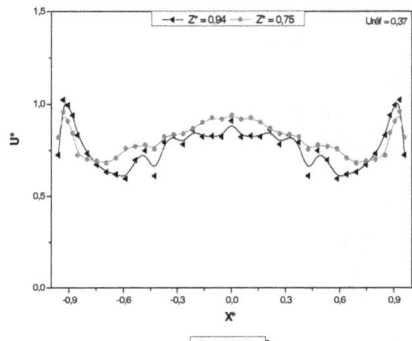

Figure IV-10 : Evolution de la température
moyenne adimensionnelle

Figure IV-11 : Evolution de la vitesse
moyenne adimensionnelle

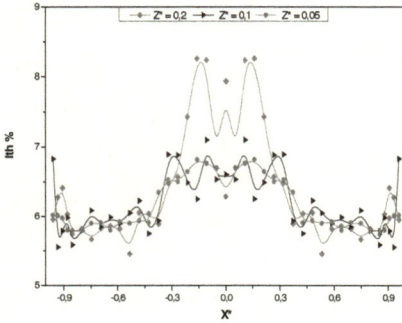

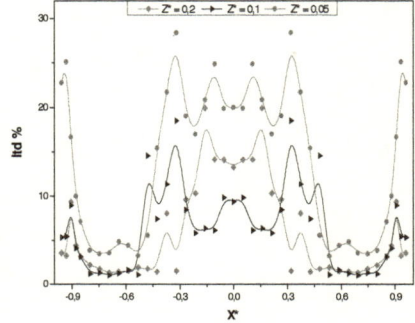

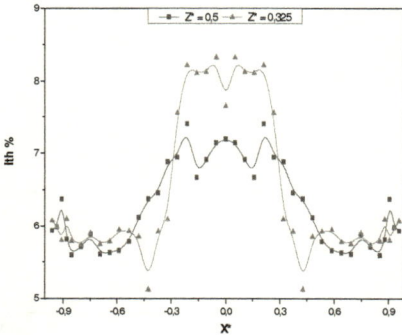

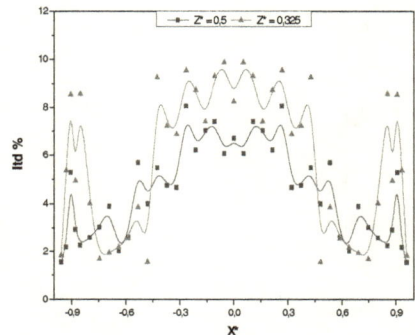

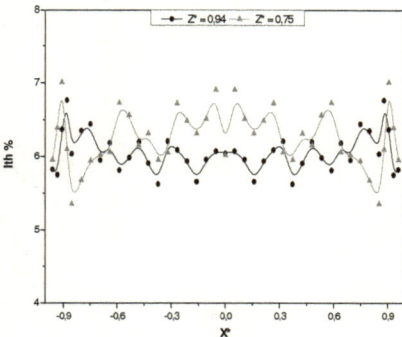

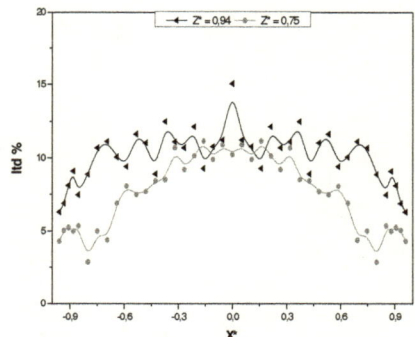

Figure IV-12 : Répartition de l'intensité de
turbulence thermique

Figure IV-13 : Répartition de l'intensité de
turbulence dynamique

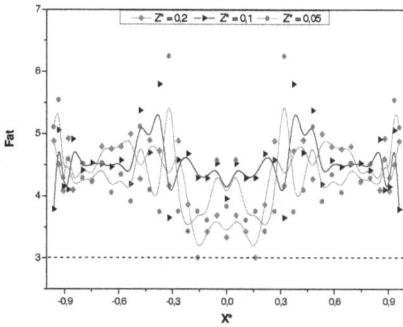

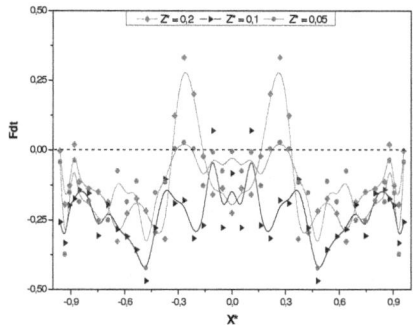

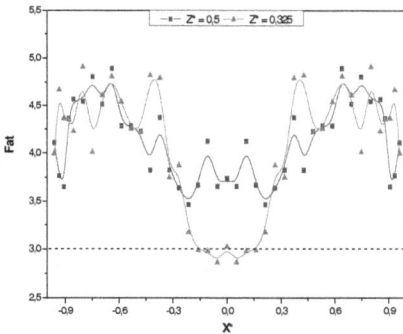

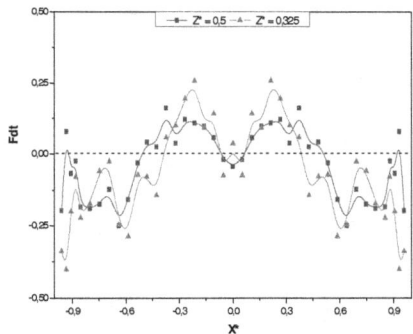

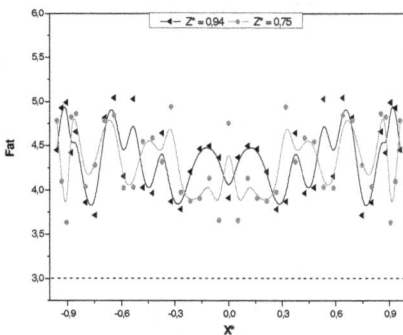

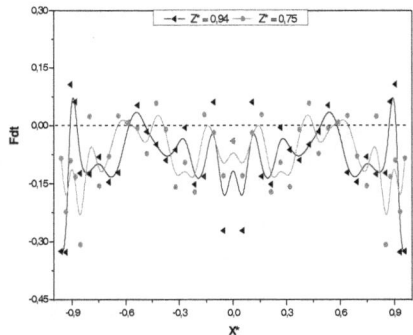

Figure IV-14 : Variation du facteur
d'aplatissement thermique

Figure IV-15 : Variation du facteur de
dissymétrie thermique

Figure IV-16a

Figure IV-17a

Figure IV-16b

Figure IV-17b

Figure IV-16c

Figure IV-17c

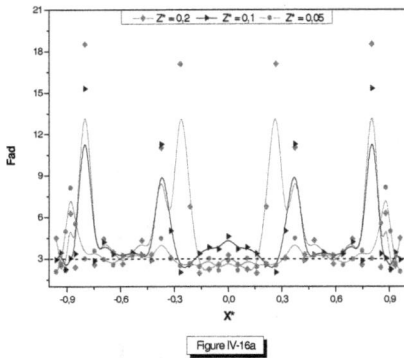

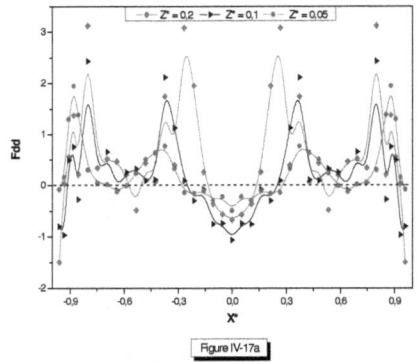

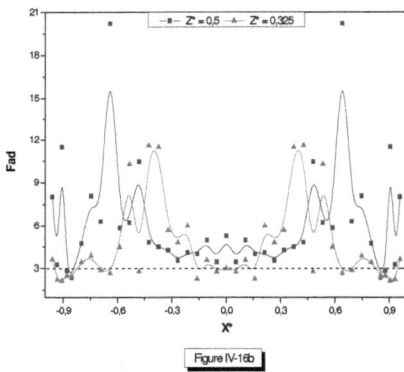

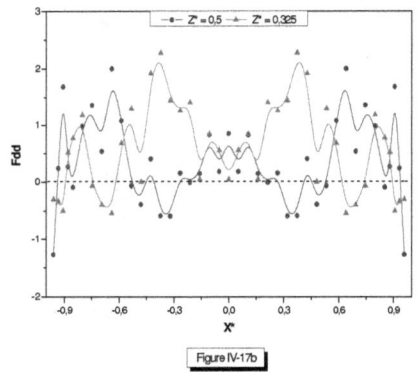

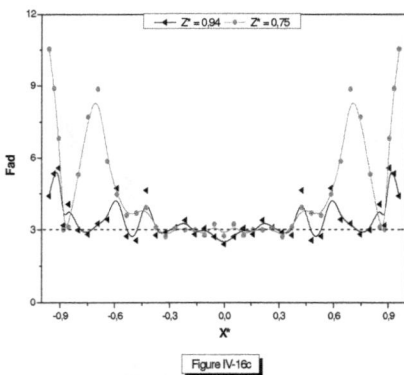

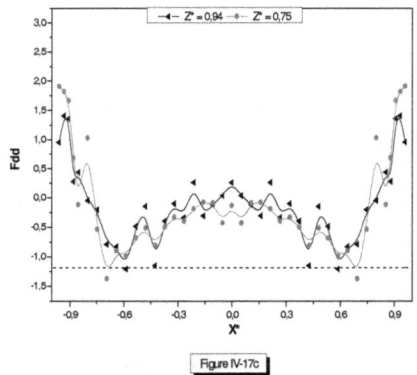

Figure IV-16 : Variation du facteur
d'aplatissement dynamique

Figure IV-17 : Variation du facteur de
dissymétrie dynamique

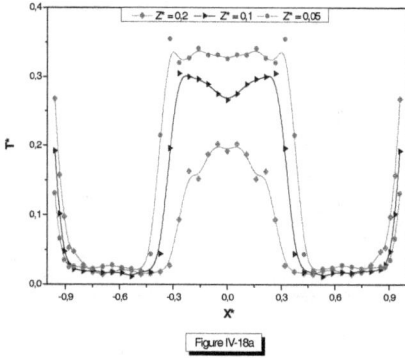

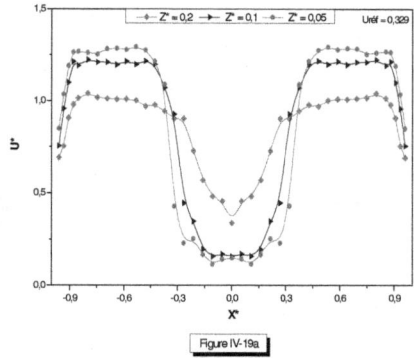

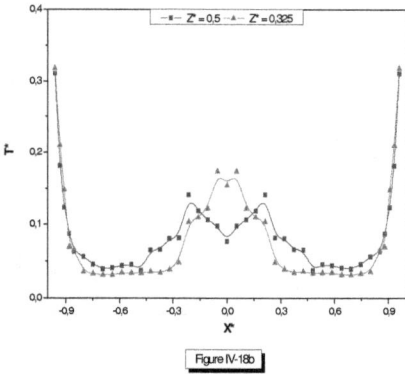

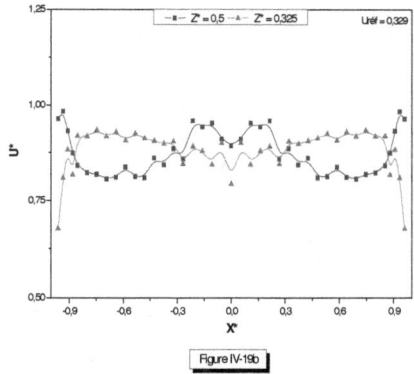

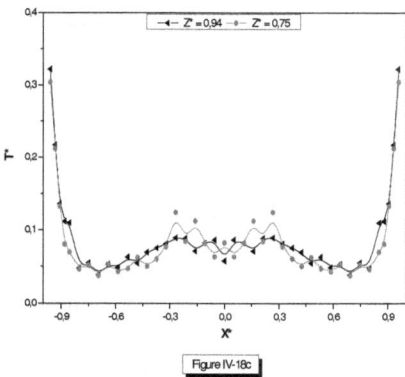

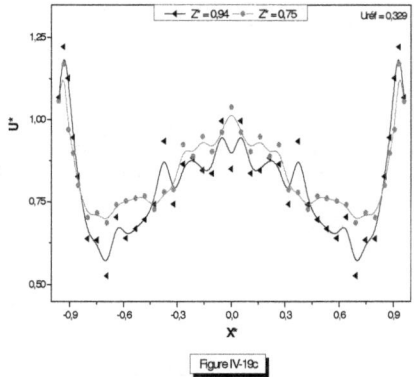

Figure IV-18 : Evolution de la température
moyenne adimensionnelle

Figure IV-19 : Evolution de la vitesse
moyenne adimensionnelle

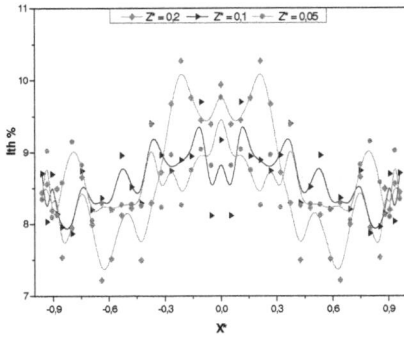

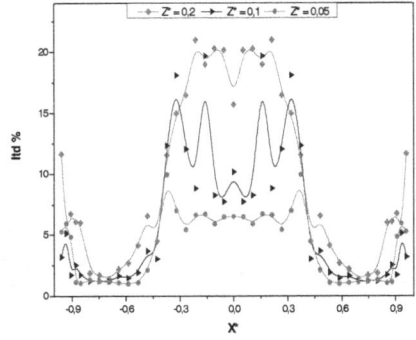

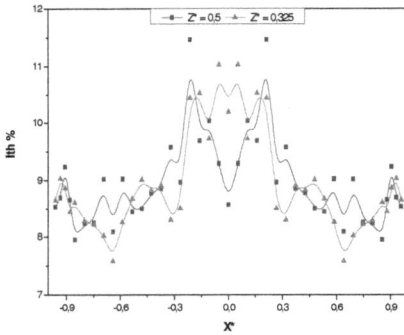

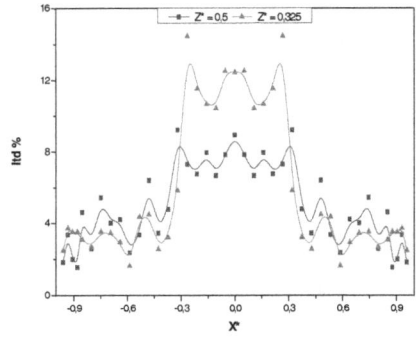

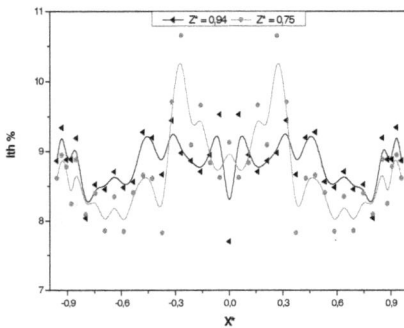

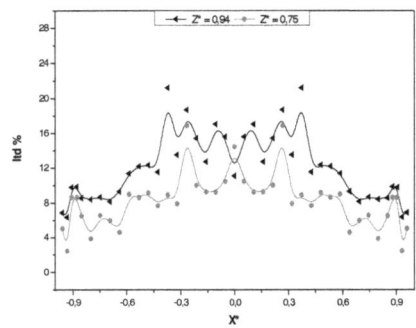

Figure IV-20 : Répartition de l'intensité de turbulence thermique

Figure IV-21 : Répartition de l'intensité de turbulence dynamique

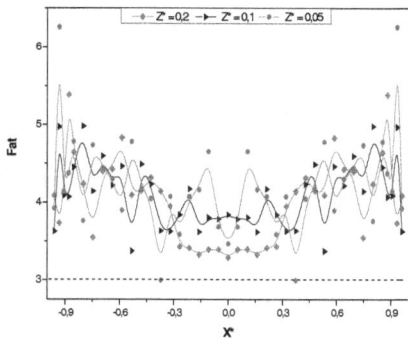

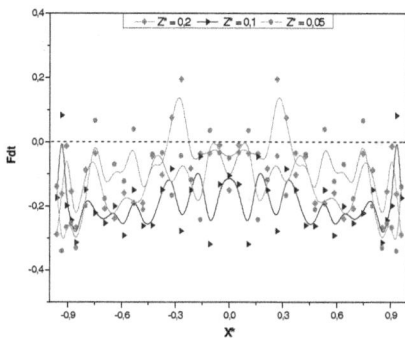

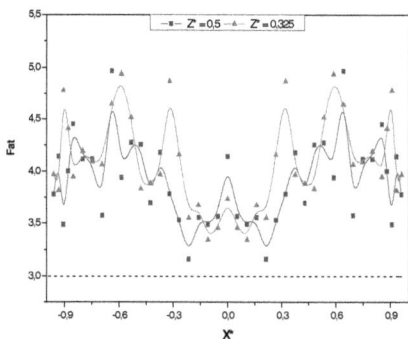

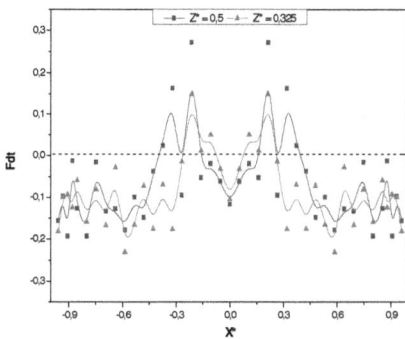

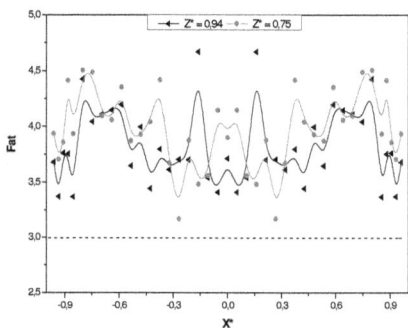

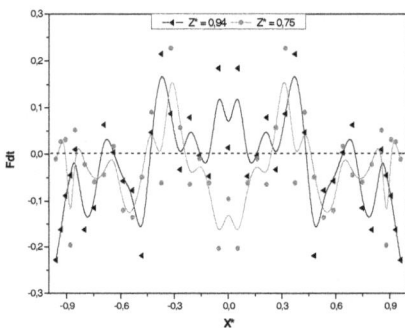

Figure IV-22 : Variation du facteur
d'aplatissement thermique

Figure IV-23 : Variation du facteur de
dissymétrie thermique

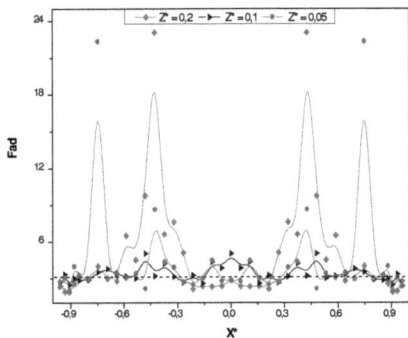

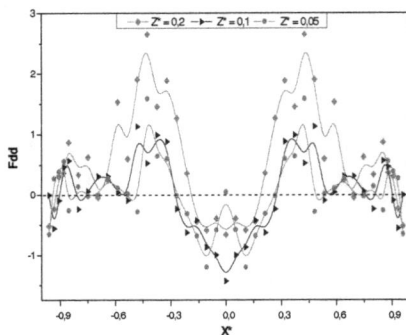

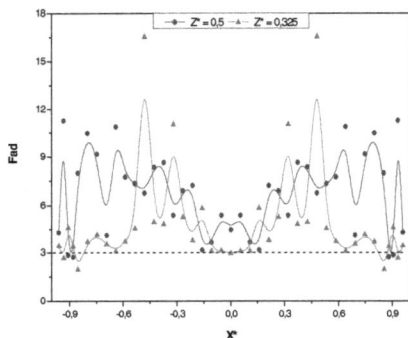

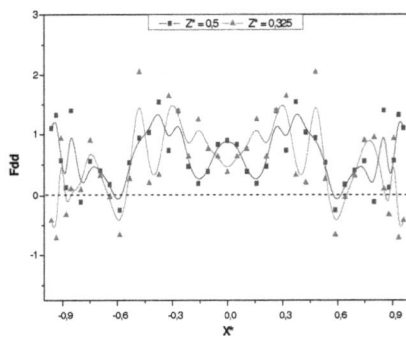

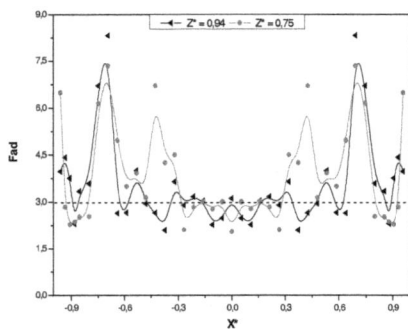

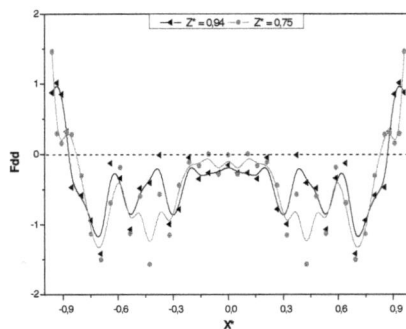

Figure IV-24 : Variation du facteur
d'aplatissement dynamique

Figure IV-25 : Variation du facteur de
dissymétrie dynamique

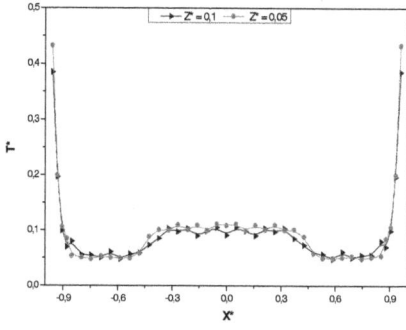

Figure IV-26a

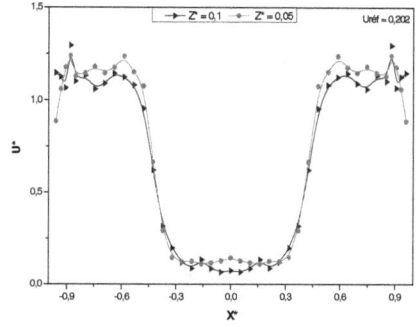

Figure IV-27a

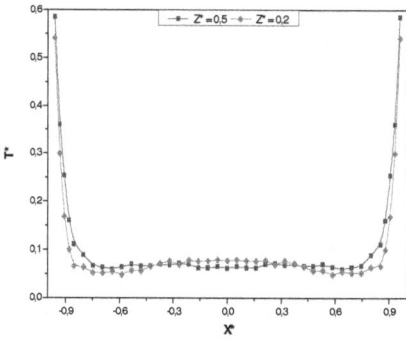

Figure IV-26a

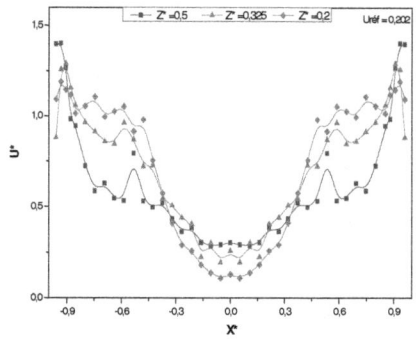

Figure IV-27b

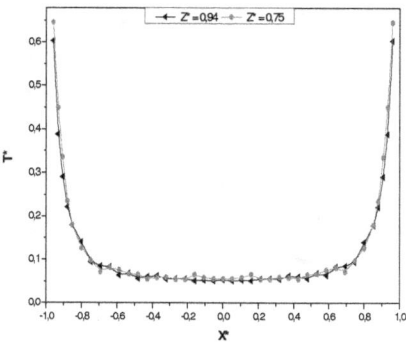

Figure IV-26c

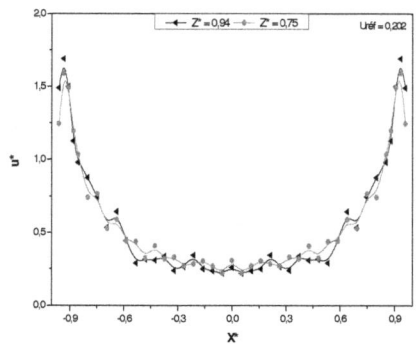

Figure IV-27c

Figure IV-26 : Evolution de la température
moyenne adimensionnelle

Figure IV-27 : Evolution de la vitesse
moyenne adimensionnelle

79

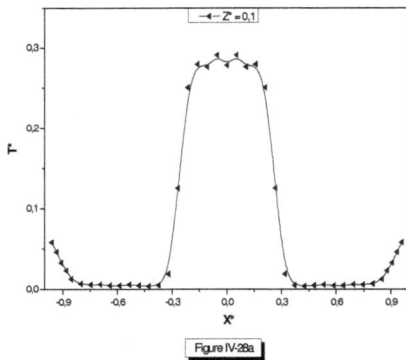

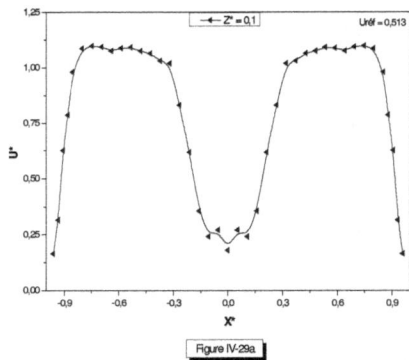

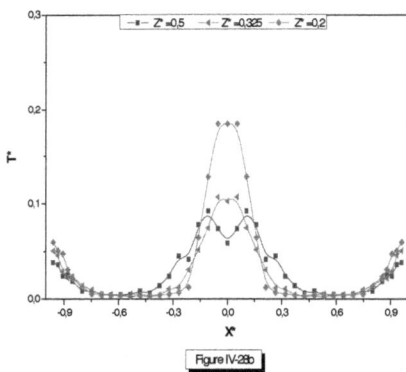

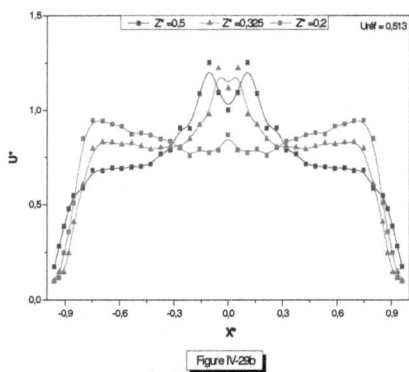

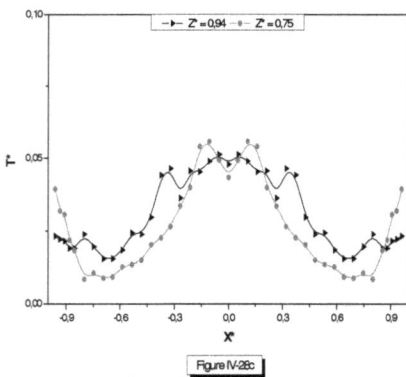

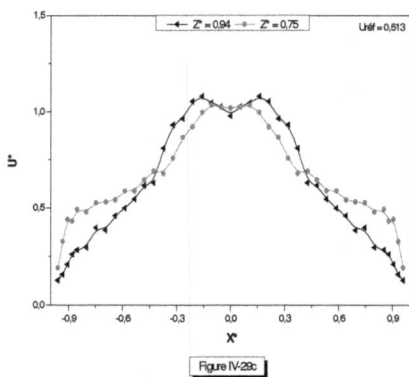

Figure IV-28 : Evolution de la température
moyenne adimensionnelle

Figure IV-29 : Evolution de la vitesse
moyenne adimensionnelle

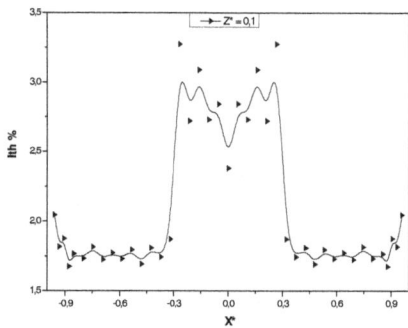

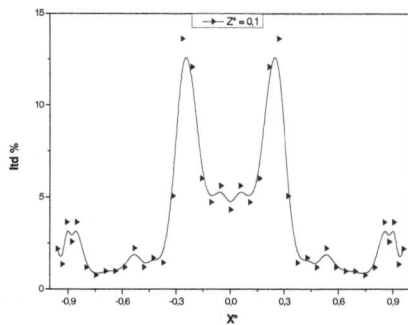

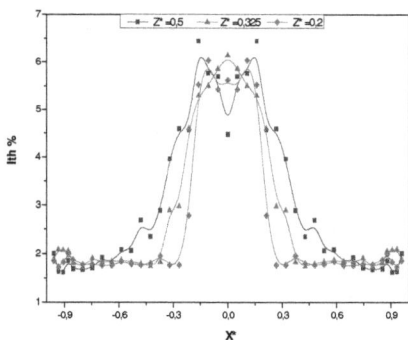

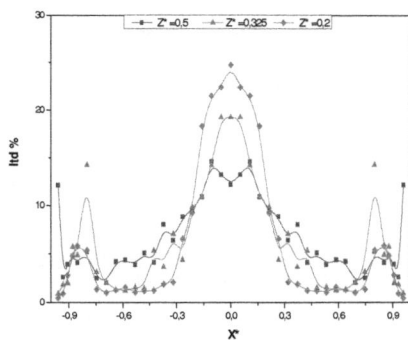

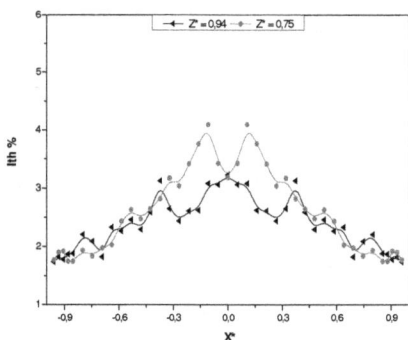

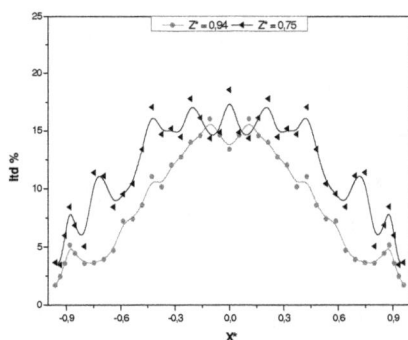

Figure IV-30 : Répartition de l'intensité de turbulence thermique

Figure IV-31 : Répartition de l'intensité de turbulence dynamique

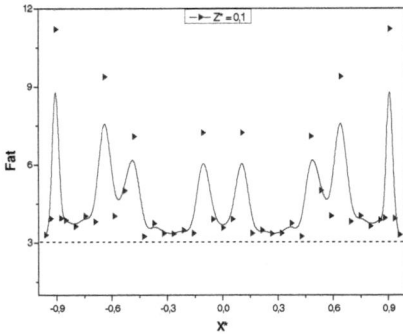

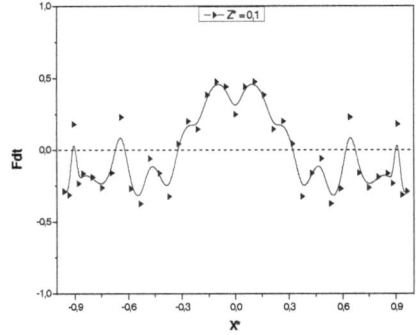

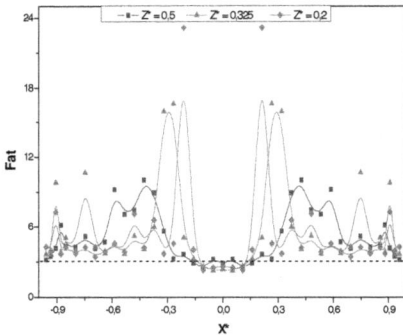

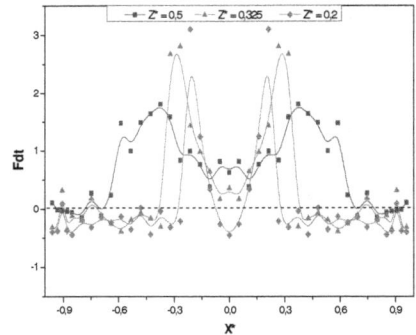

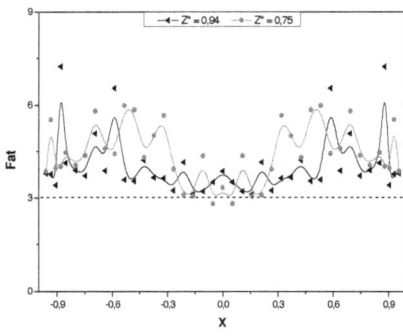

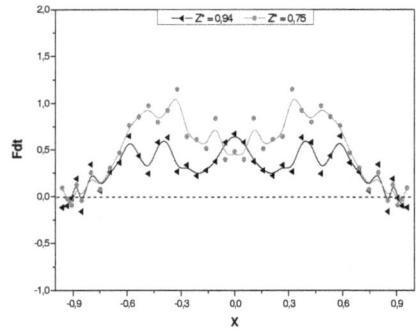

Figure IV-32 : Variation du facteur
d'aplatissement thermique

Figure IV-33 : Variation du facteur de
dissymétrie thermique

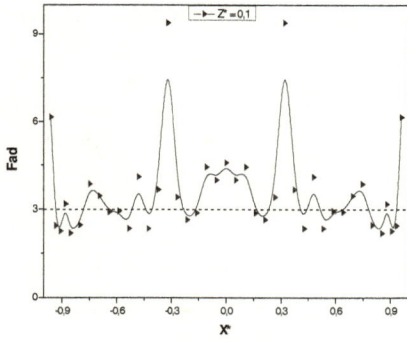

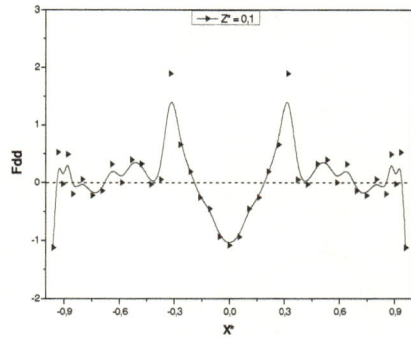

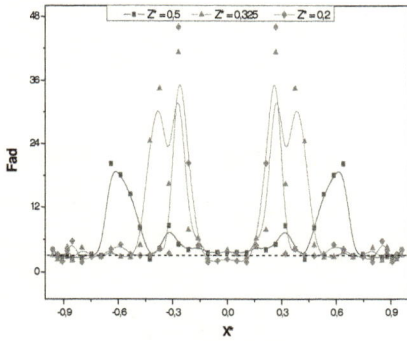

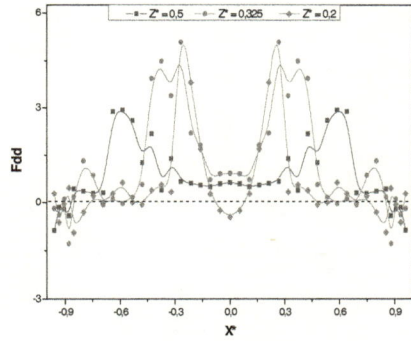

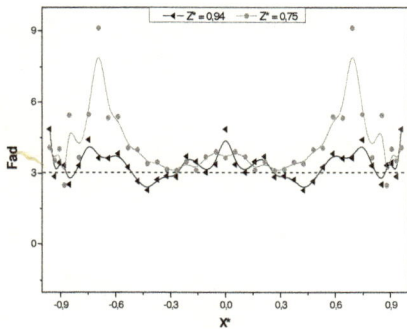

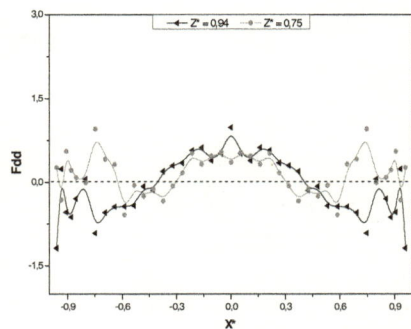

Figure IV-34 : Variation du facteur
d'aplatissement dynamique

Figure IV-35 : Variation du facteur de
dissymétrie dynamique

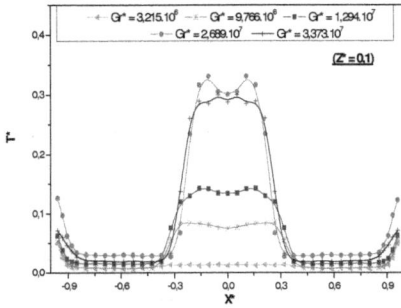

Figure IV-36

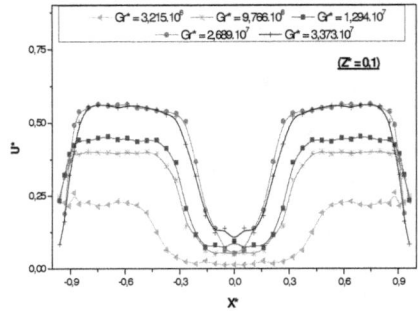

Figure IV-37a

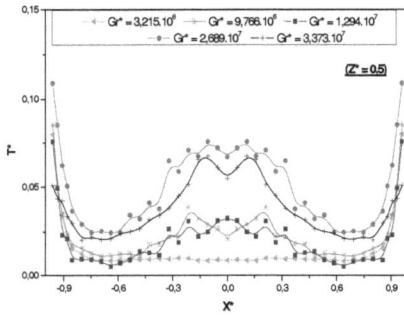

Figure IV-36b

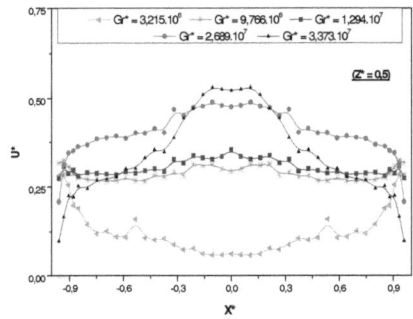

Figure IV-37b

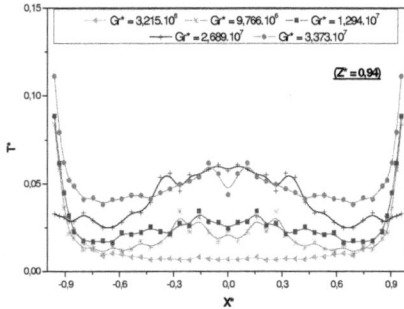

Figure IV-36c

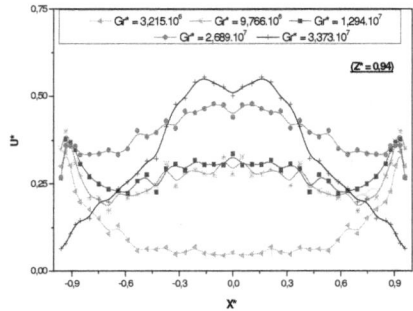

Figure IV-37c

Figure IV-36 : Evolution de la température
moyenne adimensionnelle (étude comparative)

Figure IV-37 : Evolution de la vitesse moyenne
adimensionnelle (étude comparative)

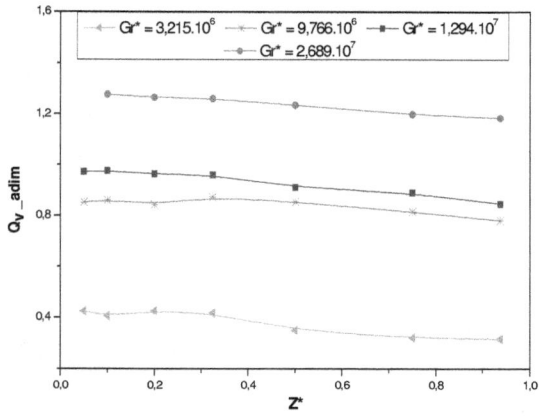

Figure IV-38 : Evolution du débit adimensionnel en fonction de la hauteur Z*
(pour différents nombre de Grashof modifié)

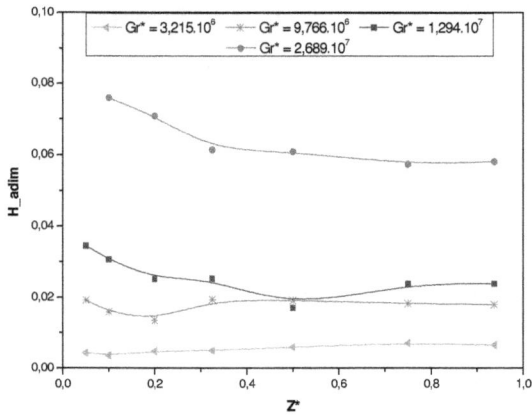

Figure IV-39 : Evolution de l'énergie adimensionnelle en fonction de la hauteur Z*
(pour différents nombre de Grashof modifié)

www.ingramcontent.com/pod-product-compliance
Lightning Source LLC
Chambersburg PA
CBHW021605210326
41599CB00010B/603